MÉMOIRE

SUR

L'INTÉGRATION DES ÉQUATIONS LINÉAIRES AUX DIFFÉRENTIELLES ET AUX DIFFÉRENCES FINIES.

PAR

R. LOBATTO.

AMSTERDAM,
C. G. SULPKE.

1837.

MÉMOIRE

SUR

L'INTÉGRATION DES ÉQUATIONS LINÉAIRES AUX DIFFÉRENTIELLES ET AUX DIFFÉRENCES FINIES.

PAR

M. CORVATO.

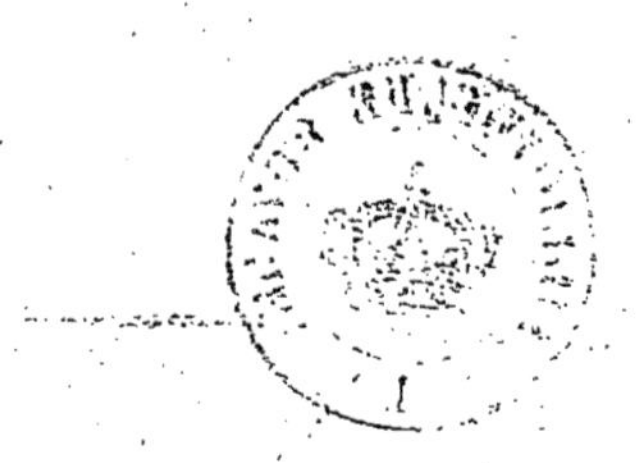

AMSTERDAM,

C. G. SULPKE.

1837.

TYPOGRAPHIE DE A. D. SCHINKEL, A LA HAYE.

MÉMOIRE

SUR

L'INTÉGRATION DES ÉQUATIONS LINÉAIRES AUX DIFFÉRENTIELLES ET AUX DIFFÉRENCES FINIES.

CHAPITRE I.

DE L'INTÉGRATION DES ÉQUATIONS DIFFÉRENTIELLES LINÉAIRES A DEUX VARIABLES.

1. En étendant aux équations différentielles linéaires les idées exposées dans notre mémoire sur la théorie des caractéristiques, nous avons été conduit à remarquer, que toute équation de ce genre et d'un ordre quelconque, peut être envisagée comme le résultat d'une certaine opération effectuée sur la fonction qui en représente l'intégrale première ; qu'il est de même de cette dernière par rapport à l'intégrale seconde, et ainsi de suite, de manière que l'équation proposée ne soit que le résultat d'une suite d'opérations semblables effectuées sur la fonction primitive qui en représente l'intégrale complète. Or, si l'on désigne ces diverses opérations par une même espèce de caractéristiques, il est évident que la composition de ces caractéristiques en forme de produit, offre un moyen bien simple d'énoncer une équation différentielle linéaire ; et l'on concevra par là, que son intégration successive revient seulement à opérer la décomposition du produit dont il s'agit, afin de remonter par une suite d'opérations inverses et uniformes à l'expression de la fonction primitive. C'est ce qui va être éclairci par l'exposition suivante

de la théorie que nous avons établie à cet effet, et qui semble réunir à l'avantage de simplifier considérablement les procédés d'intégration employés jusqu'ici, celui d'indiquer en même tems la véritable source des difficultés qui se présentent dans l'intégration complète des équations différentielles, déjà à partir de celles du second ordre.

Afin de faire mieux saisir l'esprit de la méthode qui fait l'objet de ce mémoire, nous procéderons du simple au composé, en traitant d'abord les équations linéaires où les coefficiens des divers termes sont des quantités constantes, et ensuite celles où ces coefficiens sont fonctions de la variable indépendante. En conséquence nous diviserons ce chapitre en deux paragraphes distincts.

§ 1. *Equations différentielles linéaires à coefficiens constans.*

2. Soit à intégrer l'équation du premier ordre,

$$\frac{dy}{dx} + ay = V; \tag{1}$$

V exprimant une fonction quelconque dela variable x.

Considérons en premier lieu l'équation $\frac{dy}{dx} + ay = 0$, qui ne forme qu'un cas particulier dela précédente. D'après la notation adoptée dans le mémoire cité, il est évident que cette équation pourra s'écrire ainsi

$$(\partial + a)y = 0,$$

où le facteur binome ne représente qu'une seule caractéristique d'opération à effectuer sur la fonction y. Si donc, pour simplifier cette notation, on désigne la caractéristique $(\partial + a)$ par le signe $(\overset{a}{\partial})$, la dernière équation s'exprimera plus simplement par

$$(\overset{a}{\partial})y = 0; \tag{2}$$

et puisque son intégrale est $y = A e^{-ax}$, l'équation (2) sera également satisfaite par cette valeur de y.

De même l'équation $(\overset{-a}{\partial})y = 0$ sera satisfaite par l'intégrale $y = A e^{ax}$.

3. Soit maintenant

$$y = e^{-ax} X,$$

X étant fonction de x, on en déduira facilement,

$$\frac{dy}{dx} + ay = (\overset{a}{\partial})y = e^{-ax} \partial X. \qquad (3)$$

Effectuant la même opération sur cette nouvelle fonction, on aura successivement,

$$(\overset{a}{\partial})^2 y = e^{-ax} \partial^2 X, \quad (\overset{a}{\partial})^3 y = e^{-ax} \partial^3 X,$$

et en général

$$(\overset{a}{\partial})^n y = e^{-ax} \partial^n X \qquad (4)$$

Il est à propos de remarquer ici que dans cette nouvelle espèce de différentiation, la quantité e^{-ax} se comporte précisément comme un facteur constant dans la différentiation ordinaire. En supposant donc la fonction y telle qu'il en résulte l'équation $(\overset{a}{\partial})^n y = 0$, il faut nécessairement que le facteur $\partial^n X$ qui entre dans le second membre de l'équation (4) se réduise à zéro, ou en d'autres termes que la fonction X soit dela forme

$$A x^{n-1} + B x^{n-2} \ldots + T x + U.$$

En conséquence l'équation différentielle

$$(\overset{a}{\partial})^n y = 0$$

donnera, après un nombre n d'intégrations successives par rapport au nouveau signe $(\overset{a}{\partial})$, l'intégrale complète

$$y = e^{-ax} \left\{ A x^{n-1} + B x^{n-2} \ldots + T x + U. \right\} \qquad (5)$$

Observons ici en passant que si dans l'équation (4) on change X en

Xe^{ax}, ce qui donne $y = X$, elle deviendra

$$(\overset{a}{\partial})^n y = (\overset{a}{\partial})^n X = (\partial + a)^n X = e^{-ax} \partial^n (Xe^{ax});$$

donc, en développant la caractéristique $(\partial + a)^n$, on obtiendra la formule générale

$$\partial^n (Xe^{ax}) = e^{ax} \left\{ \partial^n X + na \partial^{n-1} X + \frac{n \cdot n-1}{1 \cdot 2} a^2 \partial^{n-2} X \ldots + a^n X \right\}.$$

L'équation $y = e^{-ax} X$, d'où l'on a dérivé

$$(\overset{a}{\partial}) y = e^{-ax} \partial X,$$

étant considérée elle même comme une derivée semblable d'une équation primitive, donnera pareillement la rélation suivante

$$(\overset{a}{\partial})^{-1} y = e^{-ax} \int X dx.$$

Le premier membre de cette équation énonçant l'opération inverse de celle indiquée par $(\overset{a}{\partial})$, ou bien une nouvelle espèce d'intégration, pourra, par analogie avec les intégrales ordinaires, être representé par $\overset{a}{\int} y$, de sorte que l'on écrira

$$\overset{a}{\int} e^{-ax} X = e^{-ax} \int X dx, \tag{6}$$

et en répétant la même opération, il en résultera

$$\overset{a}{\int}^{2} e^{-ax} X = e^{-ax} \,^{2}\!\int X dx^2$$

$$\overset{a}{\int}^{3} e^{-ax} X = e^{-ax} \,^{3}\!\int X dx^3$$

donc en général

$$\overset{a}{\int}^{n} e^{-ax} X = e^{-ax} \,^{n}\!\int X dx^n. \tag{7}$$

d'où l'on voit que l'équation (4) a également lieu pour des valeurs négatives de n, en changeant seulement les différentielles en intégrales.

Il est inutile d'ajouter que le second membre de l'équation (7) devra être completée par la fonction arbitraire

$$e^{-ax}(c + c_1 x + c_2 x^2 \ldots + c_{n-1} x^{n-1}).$$

4. Si l'on fait $X = V e^{ax}$, l'équation (6) nous fournira immédiatement la formule intégrale

$$\overset{a}{\int} V = e^{-ax} \int V e^{ax}\, dx \tag{8}$$

et en général

$$\overset{a}{\underset{}{\int}}{}^{n} V = e^{-ax} \,{}^{n}\!\!\int V e^{ax}\, dx^n \tag{9}$$

Donc, ayant à intégrer l'équation différentielle

$$\frac{dy}{dx} + ay = V,$$

qui revient à

$$(\overset{a}{\partial})y = V;$$

on en tirera directement par l'intégration rélative à $(\overset{a}{\partial})$, et en vertu dela formule (8)

$$y = \overset{a}{\int} V = e^{-ax} \int V e^{ax}\, dx\,;$$

résultat qui s'accorde avec celui donné par la méthode ordinaire.

L'expression intégrale $\int V e^{ax}\, dx$, comprenant toujours une constante arbitraire, la valeur complète de y, s'exprimera par

$$y = e^{-ax} \int V e^{ax}\, dx + C e^{-ax}\,;$$

ce qui montre que chaque intégration de cette nouvelle espèce, introduit un terme $C e^{-ax}$, de même qu'il faut ajouter une constante aux résultats de l'intégration ordinaire. Cette analogie d'ailleurs se sera remarquer sous un point de vue plus général, en traitant les équations aux différentielles partielles.

5. Passons maintenant à l'intégration de l'équation du second ordre

$$\frac{d^2y}{dx^2} - a^2 y = 0,$$

qui est la plus simple de cet ordre. On pourra l'énoncer dela manière suivante, ·

$$(\partial^2 - a^2)y = 0.$$

Or, puisque la caractéristique qui affecte son premier membre, peut se décomposer en deux facteurs $(\partial + a)$, $(\partial - a)$, il est clair que la proposée se réduira, en vertu dela nouvelle notation, à

$$(\overset{a}{\partial})(\overset{-a}{\partial})y = 0, \text{ ou bien à } (\overset{-a}{\partial})(\overset{a}{\partial})y = 0; \tag{11}$$

et elle exprimera sous chacune de ces deux formes, une double opération effectuée sur la fonction y, savoir, d'abord une différentiation par rapport au signe $(\overset{a}{\partial})$ et ensuite une seconde par rapport au signe $(\overset{-a}{\partial})$, ou réciproquement.

En remontant ainsi dela seconde à la première de ces opérations, il viendra pour les deux intégrales premières,

$$(\overset{-a}{\partial})y = Ce^{-ax}, \qquad (\overset{a}{\partial})y = C'e^{ax};$$

qui satisfont respectivement aux équations (11), par suite de ce qui a été observé à la fin de n.° 2.

D'ailleurs la rélation

$$(\overset{a}{\partial})y - (\overset{-a}{\partial})y = 2ay,$$

donnera directement pour la valeur complète de l'intégrale

$$y = Ce^{ax} - C'e^{-ax};$$

en écrivant C, C′ au lieu des constantes $\dfrac{C}{2a}$, $\dfrac{C'}{2a}$.

Si l'on remplace a^2 par $-a^2$, il en résultera que l'équation

$$\frac{d^2y}{dx^2} + a^2 y = 0,$$

aura pour intégrale complète

$$y = \mathrm{C}e^{ax\sqrt{-1}} + \mathrm{C}'e^{-ax\sqrt{-1}} = \mathrm{C}\cos ax + \mathrm{C}'\sin ax,$$

en changeant convenablement les deux constantes arbitraires.

6. Considérons l'équation plus générale

$$\frac{\mathrm{d}^2y}{\mathrm{d}x^2} + \mathrm{A}\frac{\mathrm{d}y}{\mathrm{d}x} + \mathrm{B}y = 0, \tag{12}$$

qui peut s'énoncer ainsi:

$$(\partial^2 + \mathrm{A}\partial + \mathrm{B})y = 0.$$

Soient $-a$, $-a'$, les deux racines de l'équation du second degré

$$\partial^2 + \mathrm{A}\partial + \mathrm{B} = 0,$$

que nous nommerons désormais *l'équation caractéristique* de la proposée; celle ci pourra encore, d'après la théorie des caractéristiques, être présentée sous la forme

$$(\partial+a)\,(\partial+a')y = 0,$$

ou bien
$$\overset{a}{(\partial)}\,\overset{a'}{(\partial)}y = \overset{a'}{(\partial)}\,\overset{a}{(\partial)}y = 0; \tag{13}$$

l'ordre des deux espèces d'opérations à effectuer sur la fonction y étant tout à fait indifférent. Une première intégration des équations précédentes donnera les deux intégrales premières

$$\overset{a'}{(\partial)}y = \mathrm{C}e^{-ax}. \qquad \overset{a}{(\partial)}y = \mathrm{C}'e^{-a'x};$$

et à cause de
$$\overset{a'}{(\partial} - \overset{a}{\partial)}y = (a'-a)y,$$

on en déduira immédiatement après le changement des constantes,

$$y = \mathrm{C}e^{-ax} + \mathrm{C}'e^{-a'x},$$

pour la valeur de l'intégrale complète.

On obtiendrait le même résultat, en observant que les deux équations

$$\overset{a}{(\partial)}y = 0. \qquad \overset{a'}{(\partial)}y = 0,$$

satisfont separément à la proposée, et qu'elles fournissent par conséquent les deux valeurs particulières

$$y = Ce^{-ax}. \qquad y = C'e^{-a'x},$$

dont la somme représentera nécessairement la valeur complète de y. Mais on peut encore parvenir directement à l'expression de l'intégrale complète, en procédant dela manière suivante.

Une première intégration ayant fourni l'équation

$$(\overset{a}{\partial})y = C'e^{-a'x},$$

on déduira de celle ci par une seconde intégration dela même espèce

$$y = C'\!\int^{a}\!\!e^{-a'x} + Ce^{-ax}. \qquad (14)$$

Or si dans la formule générale (9)

$$\int^{a}\!\!V = e^{-ax}\int Ve^{ax}\,dx$$

on fait $V = e^{-a'x}$, il viendra

$$\int^{a}\!\!e^{-a'x} = e^{-ax}\int e^{(a-a')x}\,dx = \frac{1}{a-a'}\,e^{-a'x}.$$

Cette valeur étant substituée dans celle de y, on trouvera comme précédemment

$$y = Ce^{-ax} + C'e^{-a'x} \qquad (15)$$

7. Lorsque l'équation (12) contient dans son second membre le terme V fonction de x, elle s'écrira sous la forme

$$(\overset{a}{\partial})\,(\overset{a'}{\partial})y = V, \qquad (16)$$

d'où l'on tire d'abord pour l'intégrale première, l'équation

$$(\overset{a'}{\partial})y = \int^{a}\!\!V = e^{-ax}\int Ve^{ax}\,dx + Ce^{-ax},$$

en vertu dela formule (10).

Posons pour abréger $V' = e^{-ax} \int V e^{ax} \, dx$, il viendra, en effectuant la seconde intégration

$$y = \int\int V = \int^{a'} \overset{a}{V'} + C \int^{a} e^{-ax}$$

ou bien

$$y = e^{-a'x} \int V' e^{a'x} \, dx + C e^{-ax} + C' e^{-a'x} \qquad (17)$$

en vertu des équations (10) (15).

Le premier terme de cette valeur de y, représente une valeur particulière de l'intégrale complète, et revient évidemment à la double intégrale

$$e^{-a'x} \int e^{(a'-a)x} \, dx \int V e^{ax} \, dx.$$

Et puisqu'on a en général

$$\int dX \int P \, dx = X \int P \, dx - \int P X \, dx,$$

il sera aisé d'en conclure

$$y = \int^{a'}\!\!\int^{a} V = \frac{1}{a' - a}\left\{ e^{-ax} \int V e^{ax} \, dx - e^{-a'x} \int V e^{a'x} \, dx \right\} + C e^{-ax} + C' e^{-a'x} \qquad (18)$$

Voici un autre moyen pour parvenir au même résultat, et qui est analogue à celui dont nous avons déjà fait usage dans le n.° précédent.

L'équation (16) donnant à la fois les deux intégrales premières,

$$(\partial)^{a'} y = e^{-ax} \int V e^{ax} \, dx + C e^{-ax}. \quad (\partial)^{a} y = e^{-a'x} \int V e^{a'x} \, dx + C e^{-a'x},$$

on en tirera immédiatement, en ayant égard à la relation

$$(\partial^{a'} - \partial^{a}) y = (a' - a) y,$$

la même valeur de y que celle obtenue ci-dessus.

Dans le cas particulier où les deux racines $-a$, $-a'$ soient égales, ce qui exige qu'on ait $A^2 = 4B$, l'équation (12) se reduisant alors à

$$(\partial)^{a\,2} y = 0,$$

donnera de suite, d'après la formule (5)

$$y = e^{-ax} \left(C' + C'x \right).$$

De même l'équation (16) qui reviendra alors à

$$(\partial)^{\overset{a}{}}{}' y = V$$

donnera, en vertu dela formule (9), pour la valeur complète de y,

$$y = \overset{a}{\int} V = e^{-ax} \left\{ \overset{2}{\int} V dx^2 + Cx + C' \right\}. \qquad (19)$$

Si l'équation caractéristique a ses deux racines imaginaires, et qu'on les désigne par $-\alpha + \beta \sqrt{-1}$, $-\alpha - \beta \sqrt{-1}$, il est évident que les deux derniers termes dela formule (18) devont être remplacés par la fonction

$$e^{-\alpha x} \left\{ C \cos \beta x + C' \sin \beta x \right\},$$

qui représentera alors l'intégrale complète de l'équation (12).

8. Nous pourrons maintenant nous élever à l'intégration de l'équation générale de l'ordre n,

$$\frac{d^n y}{dx^n} + A \frac{d^{n-1} y}{dx^{n-1}} \dots + T \frac{dy}{dx} + Uy = 0.$$

En effet soient a_1, a_2, a_3, $\dots a_n$, les n racines prises avec leur signe contraire, de l'équation caractéristique

$$\partial^n + A\partial^{n-1} \dots + T\partial + U = 0,$$

de sorte de celle ci puisse être représentée par le produit

$$(\partial + a_1)(\partial + a_2)(\partial + a_3) \dots (\partial + a_n) = 0;$$

la proposée prendra alors la forme simplifiée

$$\overset{a_1}{(\partial)} \overset{a_2}{(\partial)} \dots \overset{a_n}{(\partial)} y = 0 \qquad (20)$$

et indiquera par conséquent une suite de n opérations semblables effectuées successivement sur la fonction y; il ne s'agira à présent que de remonter par une même suite d'opérations inverses, à l'expression dela valeur complète de cette fonction. A cet effet, on en déduira d'abord par une première intégration rélativement au signe $(\partial)^{a_1}$, l'équation de l'ordre $n-1$.

$$(\partial)^{a_1} (\partial)^{a_2} \dots (\partial)^{v_n} y = C_1 e^{-a_1 x}.$$

Celle ci étant intégrée de nouveau, il viendra d'après l'équation (15)

$$(\partial)^{a_2} (\partial)^{a_4} \dots (\partial)^{a_n} y = C_1 e^{-a_1 x} + C_2 e^{-a_2 x}.$$

Et puisque l'intégration de chaque terme Ce^{-ax}, en introduit un nouveau de la même forme, il est manifeste, qu'en continuant ces opérations on obtiendra finalement

$$y = C_1 e^{-a_1 x} + C_2 e^{-a_2 x} + C_3 e^{-a_3 x} \dots + C_n e^{-a_n x}$$

pour la valeur complète de l'intégrale.

On aurait pu raisonner encore ainsi qu'il suit. L'équation (20) donne lieu aux n équations

$$(\partial)^{a_1} y = 0. \quad (\partial)^{a_2} y = 0 \dots (\partial)^{a_n} y = 0,$$

dont les n intégrales

$$y = C_1 e^{-a_1 x}. \quad y = C_2 e^{-a_2 x} \dots y = C_n e^{-a_n x},$$

représentent autant de valeurs particulieres de la fonction y qui satisfont à la proposée. Or puisque l'ordre des différentiations par rapport aux n diverses caractéristiques est entièrement arbitraire, ainsi que cela résulte dela théorie des caractéristiques, on en conclura sans peine que la somme de ces valeurs particulières doit également satisfaire à l'équation (20), et qu'elle représentera ainsi la valeur complète de y.

9. S'il arrive que l'équation caractéristique contient un nombre m

de racines égales à $-a$, la proposée prendra la forme

$$\overset{a}{(\partial)}{}^{m}\,\overset{a_1}{(\partial)}\,\overset{a_2}{(\partial)}\,\overset{a_3}{(\partial)}\ldots\overset{a_p}{(\partial)}y = 0,$$

où $p = n - m$; et elle pourra alors être décomposée dans les deux équations suivantes

$$\overset{a_1}{(\partial)}\,\overset{a_2}{(\partial)}\ldots\overset{a_p}{(\partial)}y = 0. \qquad \overset{a}{(\partial)}{}^{m}y = 0.$$

On tirera dela première les p valeurs particulières

$$y = C_1 e^{-a_1 x}. \qquad y = C_2 e^{-a_2 x}\ldots y = C_p e^{-a_p x}.$$

Les m autres seront données par l'intégrale complète dela seconde de ces équations et qui, en vertu dela formule (5) aura pour expression

$$y = e^{-ax}\left\{A + Bx + Cx^2 + \ldots Tx^{m-1}\right\};$$

où les coefficiens A, B...., représentent m constantes arbitraires. La somme de ces n valeurs particulières fournira ainsi la valeur complète de y, de même que ci-dessus. On remarquera sans doute que notre méthode d'intégration dispense d'appliquer le procédé compliqué dû à *d'Alembert*, ainsi que ceux qui ont été proposés plus tard par d'autres géomètres, pour écarter la difficulté que présente le cas de l'égalité de quelques unes des racines de l'équation caractéristique (*).

Il peut arriver aussi que cette équation, renferme m groupes de racines imaginaires; dans ce cas elle contiendra parmi ses facteurs un nombre m dela forme $\partial^2 + A\partial + B$, telles que $A^2 < 4B$, et la proposée conduira alors à un même nombre d'équations du second ordre ayant la forme

$$(\partial^2 + A\partial + B)y = 0.$$

(*) Voyez Lacroix. Tom. II. pag. 317 et Tom. III. pag. 696. *Annales de math. pures et appliq.* Tom. III. pag. 46.

Prenant l'intégrale de chacune de ces équations, on en déduira (n.°7,) les m valeurs particulières

$$y = e^{-a_1 x} \left\{ C_1 \cos \beta_1 x + C'_1 \sin \beta_1 x \right\}$$
$$y = e^{-a_2 x} \left\{ C_2 \cos \beta_2 x + C'_2 \sin \beta_2 x \right\}$$
$$\text{etc.} \qquad\qquad \text{etc.}$$
$$y = e^{-a_m x} \left\{ C_m \cos \beta_m x + C'_m \sin \beta_m x \right\}.$$

En les réunissant aux autres $n - m$ valeurs particulières, leur somme donnera de même la valeur complète de y.

10. Traitons maintenant le cas plus général où l'équation de l'ordre n contient dans son second membre le terme V fonction de x. On la mettra alors également sous la forme

$$\overset{a_1}{(\partial)} \overset{a_2}{(\partial)} \overset{a_3}{(\partial)} \dots \overset{a_n}{(\partial)} y = V. \tag{21}$$

Une première et seconde intégration donneront successivement, ainsi qu'on l'a vu ci-dessus (n.° 7.)

$$\overset{a_1}{(\partial)} \overset{a_2}{(\partial)} \dots \overset{a_n}{(\partial)} y = \int V = e^{-a_1 x} \int V e^{a_1 x} dx$$

$$\overset{a_3}{(\partial)} \dots \overset{a_n}{(\partial)} y = \int\!\int V = \frac{1}{a_2 - a_1} \left\{ e^{-a_1 x} \int V e^{-a_1 x} dx - e^{-a_2 x} \int V e^{a_2 x} dx, \right\}$$

en comprenant toutefois une constante arbitraire dans chaque intégrale. Une troisième intégration effectuée partiellement sur ce dernier résultat, produira

$$\overset{a_4}{(\partial)} \dots \overset{a_n}{(\partial)} y = \int\!\int\!\int V = \frac{1}{a_2 - a_1} \left\{ \int (e^{-a_1 x} \int V e^{a_1 x} dx) - \int (e^{-a_2 x} \int V e^{a_2 x} dx) \right\}$$

$$= \frac{1}{a_3 - a_1} \left\{ \begin{array}{l} \dfrac{1}{a_2 - a_1} \left\{ e^{-a_1 x} \int V e^{a_1 x} dx - e^{-a_3 x} \int V e^{a_3 x} dx \right\} \\[2ex] - \dfrac{1}{a_2 - a_2} \left\{ e^{-a_2 x} \int V e^{a_2 x} dx - e^{-a_3 x} \int V e^{a_3 x} dx \right\} \end{array} \right.$$

$$= \frac{e^{-a_1 x}}{(a_2 - a_1)(a_3 - a_1)} \int V e^{a_1 x} dx + \frac{e^{-a_2 x}}{(a_3 - a_1)(a_2 - a_3)} \int V e^{a_2 x} dx + \frac{e^{-a_3 x}}{(a_1 - a_3)(a_2 - a_3)} \int V e^{a_3 x} dx$$

Or sans qu'il soit besoin de pousser plus loin ces intégrations successives, on reconnaîtra sans peine que la valeur de y se composera d'une suite de n termes dela forme $\frac{e^{-ax}}{A}\int V e^{ax}\,dx$, chaque dénominateur A étant égal au produit des différences entre la racine qui multiplie x et chacun des $n-1$ autres, ce qui est conforme au résultat obtenu par la méthode de *Lagrange* exposée dans les traités de calcul intégral ; méthode sans doute très élégante, mais qui exige cependant la résolution d'un sistéme de n équations du premier degré.

Euler semble avoir remarqué le premier que les dénominateurs $A_1, A_2 \ldots, A_n$ présentent les rélations suivantes (*)

$$\frac{1}{A_1}+\frac{1}{A_2}\ldots+\frac{1}{A_n}=0$$

$$\frac{a_1}{A_1}+\frac{a_2}{A_2}\ldots+\frac{a_n}{A_n}=0$$

$$\frac{a_1^2}{A_1}+\frac{a_2^2}{A_2}\ldots+\frac{a_n^2}{A_n}=0$$

$$\text{etc.} \qquad\qquad \text{etc.}$$

$$\frac{a_1^{n-1}}{A_1}+\frac{a_2^{n-1}}{A_2}\ldots+\frac{a_n^{n-1}}{A_n}=\pm 1.$$

Si l'on veut mettre en évidence les n constantes arbitraires que renferment les n intégrales $\int V e^{ax}dx$, il faudra ajouter à la valeur de y énoncée ci-dessus, la quantité

$$C_1 e^{-a_1 x}+C_2 e^{-a_2 x}\ldots+C_n e^{-a_n x},$$

qui forme précisement l'intégrale complète de la proposée, en y supposant $V=0$.

(*) Voyez ses *Institut. calc. intégr.* Tom. II. Cap. III. pag. 356, où ce théorème de trouve démontré comme une propriété des nombres, indépendamment dela théorie de l'intégration des équations linéaires. *Euler* s'en sert ensuite pour verifier la valeur générale de y.

11. On ne verra peut être pas sans intérêt la manière suivante de parvenir directement aux résultats généraux que nous venons d'exposer, et qui montrera en même tems un des avantages marquans de la théorie des caractéristiques.

Soit l'équation de l'ordre n

$$(\partial^n + A\partial^{n-1} \dots + T\partial + U)y = V. \qquad (22)$$

En désignant la caractéristique composée qui affecte la fonction y par Π, cette équation prendra la forme simplifiée

$$\Pi y = V,$$

d'où l'on conclut

$$y = \left(\frac{1}{\Pi}\right)V = \Pi^{-1}V;$$

la caractéristique Π^{-1} représentant l'opération inverse de celle indiquée par Π. Or cette dernière énonçant le produit de n facteurs du premier degré $\partial+a_1$, $\partial+a_2 \dots \partial+a_n$, il est évident que la caractéristique Π^{-1} ou $\frac{1}{\Pi}$, pourra se decomposer dans la suite fractionnaire

$$\frac{A_1}{\partial+a_1} + \frac{A_2}{\partial+a_2} \dots + \frac{A_n}{\partial+a_n};$$

où les numérateurs peuvent être determinés en fonctions de a_1, $a_2 \dots$

D'ailleurs, en observant que $\frac{1}{\partial+a_1}$ est identique avec $\frac{1}{\overset{a_1}{\underset{(\partial)}{a_1}}} = \overset{a_1}{\int}$, on conclura immédiatement dela decomposition précédente,

$$y = \Pi^{-1}V = A_1\overset{a_1}{\int}V + A_2\overset{a_2}{\int}V + \dots + A_n\overset{a_n}{\int}V$$

$$= A_1 e^{-a_1 x}\int V e^{a_1 x}dx + A_2 e^{-a_2 x}\int V e^{a_2 x} \dots + A_n e^{-a_n x}\int V e^{a_n x}dx$$

en vertu dela formule (8).

Il s'agira maintenant d'obtenir les valeurs des coefficiens constans qui multiplient les divers termes de cette expression générale. Pour cela l'équation

$$\frac{1}{\Pi} = \frac{A_1}{\partial + a_1} + \frac{A_2}{\partial + a_2} \cdots + \frac{A_n}{\partial + a_n}$$

donne par les procedés ordinaires,

$$1 = A_1 \, (\partial + a_2) \, (\partial + a_3) \ldots (\partial + a_n)$$
$$+ \, A_2 \, (\partial + a_1) \, (\partial + a_3) \ldots (\partial + a_n)$$
$$\cdot \quad \cdot \quad \cdot \quad \cdot \quad \cdot \quad \cdot \quad \cdot \quad \cdot \quad \cdot \quad \cdot$$
$$+ \, A_n \, (\partial + a_1) \, (\partial + a_2) \ldots (\partial + a_{n-1}).$$

Puisque la lettre ∂ peut représenter ici une quantité quelconque, la rélation précédente devra être également verifiée, en donnant successivement à ∂ les valeurs $-a_1$, $-a_2$, $\ldots -a_n$. Ces substitutions feront disparaître chaque fois $n-1$ produits, et l'on en déduira sur le champ les valeurs

$$\frac{1}{A_1} = (a_2 - a_1) \, (a_3 - a_1) \ldots (a_n - a_1)$$
$$\frac{1}{A_2} = (a_1 - a_2) \, (a_3 - a_2) \ldots (a_n - a_2)$$
$$\cdot \quad \cdot \quad \cdot \quad \cdot \quad \cdot \quad \cdot \quad \cdot \quad \cdot \quad \cdot \quad \cdot$$
$$\frac{1}{A_n} = (a_1 - a_n) \, (a_2 - a_n) \ldots (a_{n-1} - a_n),$$

ce qui confirme le résultat établi ci-dessus (n.° 10) par des intégrations successives.

12. Examinons le cas où l'équation générale donne lieu à un nombre m de racines égales à $-a$. Dans cette hypothèse la caractéristique Π se composera d'un même nombre de facteurs égaux à $\partial + a$; et en désignant par Q le produit des $n-m$ ou r autres facteurs inégaux, de sorte que l'on ait $\Pi = Q(\partial + a)^m$, on procédera dela manière suivante.

Posons

$$\frac{1}{\Pi} = \frac{A_0}{(\partial + a)^m} + \frac{A_1}{(\partial + a)^{m-1}} \cdots + \frac{A_{m-1}}{\partial + a} + \frac{P}{Q}, \qquad (\alpha)$$

ce qui donnera d'abord

$$y = (\tfrac{1}{\Pi})V = A \sideset{}{^{a}}\int{}^{m}V + A_1 \sideset{}{^{a}}\int{}^{m-1}V \ldots + A_{m-1} \sideset{}{^{a}}\int V + P\,(\tfrac{1}{Q})V$$

$$= A e^{-ax}{}^m \int V e^{ax} dx^m + A_1 e^{-ax}{}^{m-1}\int V e^{ax} dx^{m-1} \ldots + A_{m-1} e^{-ax}\int V e^{ax} dx + P(\tfrac{1}{Q})V$$

$$(23)$$

en vertu dela formule (9).

Pour déterminer les valeurs des m coefficiens $A, A_1 \ldots A_{m-1}$, faisons pour abréger $\partial + a = u$, il résultera alors de l'équation (α)

$$1 = Q \left\{ A + A_1 u + A_2 u^2 \ldots + A_{m-1}\, u^{m-1} \right\} + P u^m \qquad (\beta)$$

ou bien
$$\tfrac{1}{Q} = A + A_1 u \ldots + A_{m-1} u^{m-1} + \tfrac{P}{Q}\, u^m.$$

Différentiant cette équation $m-1$ fois successivement par rapport à u, et supposant ensuite $u = 0$, on trouvera

$$A = \tfrac{1}{Q_0}. \quad A_1 = \partial \left(\tfrac{1}{Q_0}\right). \quad A_2 = \tfrac{1}{1\cdot 2}\, \partial^2 \left(\tfrac{1}{Q_0}\right), \text{ etc.}$$

où Q_0 exprime la valeur de Q dans la même hypothèse, ce qui revient à y faire $\partial = -a$. Or puisqu'on a

$$Q = (\partial + a_1)\,(\partial + a_2) \ldots (\partial + a_r),$$

on conclura directement de ce qui précède,

$$A = \frac{1}{(a_1 - a)(a_2 - a) \ldots (a_r - a)}$$

$$A_1 = -\frac{dA}{da}. \quad A_2 = \frac{1}{1\cdot 2}\frac{d^2 A}{da^2}. \quad A_3 = -\frac{1}{2\cdot 3}\frac{d^3 A}{da^3}, \text{ etc.}$$

Ces valeurs serviront à déterminer les m premiers termes de l'intégrale donnée par l'équation (23). Quant aux autres termes au nombre de r, la fonction $\tfrac{P}{Q}$ pouvant être décomposée dans la suite

$$\frac{B_1}{\partial + a_1} + \frac{B_2}{\partial + a_2} \ldots + \frac{B_r}{\partial + a_r}.$$

on reconnaitra aisément qu'en exprimant par $\varphi(a_1)$, $\varphi(a_2)$ etc., les valeurs que prend le numérateur P, en y supposant successivement $\partial = -a_1$, $\partial = -a_2$, etc., il viendra

$$B_1 = \frac{\varphi(a_1)}{(a_2-a_1)(a_3-a_1)\ldots(a_r-a_1)}$$

$$B_2 = \frac{\varphi(a_2)}{(a_1-a_2)(a_3-a_2)\ldots(a_r-a_2)}$$

$$\cdot \quad \cdot \quad \cdot \quad \cdot \quad \cdot \quad \cdot \quad \cdot$$

$$B_r = \frac{\varphi(a_r)}{(a_1-a_r)(a_2-a_r)\ldots(a_{r-1}-a_r)}$$

Remarquons maintenant que chacune de ces suppositions fera disparaitre la quantité Q dans l'équation (β), d'où il suit $P = \frac{1}{u^m}$; partant

$$\varphi(a_1) = \frac{1}{(a-a_1)^m}, \quad \varphi(a_2) = \frac{1}{(a-a_2)^m} \ldots \varphi(a_r) = \frac{1}{(a-a_r)^m}.$$

Substituant ces valeurs dans celles de B obtenues ci-dessus, on en conclura facilement que les $n-m$ termes qui restent à compléter l'intégrale auront les mêmes coefficiens que ceux qui se rapportent au cas général, après y avoir changé $a_1, a_2 \ldots, a_m$ en a.

Dans le cas que nous venons de traiter l'équation différentielle prenant la forme

$$(\overset{a}{\partial})^m (\overset{a_1}{\partial}) (\overset{a_2}{\partial}) \ldots (\overset{a_r}{\partial}) y = V,$$

on en tirera d'abord

$$(\overset{a_1}{\partial}) (\overset{a_2}{\partial}) \ldots (\overset{a_r}{\partial}) y = {}^m\!\int V = e^{-ax} \, {}^m\!\int V e^{ax} \, dx^m = V',$$

et ensuite par une nouvelle intégration,

$$(\overset{a_2}{\partial}) (\overset{a_3}{\partial}) \ldots (\overset{a_r}{\partial}) y = e^{-a_1 x} \int V' a_1 x \, dx = e^{-a_1 x} \int e^{(a_1-a)x} \, dx \, {}^m\!\int V e^{ax} \, dx^m;$$

d'où l'on déduit par des intégrations successives, l'expression générale

$$y = e^{-a_r x} \int e^{(a_r - a_{r-1})x} dx \int e^{(a_{r-1} - a_{r-2})x} dx \ldots \int e^{(a_2 - a_1)x} dx \, ^m\!\int V e^{a_1 x} dx^{m}, \quad (24)$$

où les n constantes arbitraires sont implicitement comprises; le premier signe intégral s'étendant sur tous ceux qui le suivent.

13. Supposons encore que l'équation caractéristique renferme p groupes de racines imaginaires. Dans ce cas la valeur complète de y pourra s'obtenir en suivant la marche que nous allons indiquer. Cette équation étant susceptible d'une décomposition en p facteurs du second degré et $n - 2p$ facteurs du premier degré, on posera

$$\frac{1}{\Pi} = \frac{A_1 \partial + \alpha_1}{\partial^2 + m_1 \partial + n_1} + \frac{A_2 \partial + \alpha_2}{\partial^2 + m_2 \partial + n_2} \ldots + \frac{A_p \partial + \alpha_p}{\partial^2 + m_p \partial + n_p} + \Sigma \frac{B}{\partial + a},$$

le signe Σ indiquant la somme des fractions binomes semblables. Quant aux coefficiens indéterminés A, α, B, a, on pourra les évaluer par les procédés connus. Considérons un terme quelconque $\dfrac{A \partial + \alpha}{\partial^2 + m\partial + n}$ dela première partie de cette série; il en résultera dans la valeur de y un terme dela forme

$$\left(\frac{1}{\partial^2 + m \partial + n}\right)(A\partial V + \alpha V) = \left(\frac{1}{\partial^2 + m \partial + n}\right) P,$$

en faisant pour abréger $(A\partial + \alpha)V = P$.

Or il est facile de voir que la fonction

$$\left(\frac{1}{\partial^2 + m \partial + n}\right) P$$

exprime sous une nouvelle forme l'intégrale de l'équation du second ordre

$$\partial^2 y + m\partial y + ny = (\partial^2 + m\partial + n)y = P$$

que nous avons déjà obtenue au n.° 7. Désignant donc par $\beta + \gamma\sqrt{-1}$, $\beta - \gamma\sqrt{-1}$, les racines prises avec leur signe contraire, de l'équation caractéristique $\partial^2 + m\partial + n = 0$, on trouvera en faisant les substitutions

convenables dans la formule (18), toutes reductions faites, que l'intégrale dont il s'agit a pour valeur

$$\frac{e^{-\beta x}}{\gamma}\left\{\sin \beta x \int e^{\beta x} \mathrm{P} \cos \beta x \, dx - \cos \beta x \int e^{\beta x} \mathrm{P} \sin \beta x \, dx\right\},$$

chaque intégrale comprenant une constante arbitraire. Les p groupes
de racines imaginaires introduiront par conséquent autant d'expressions
dela forme précédente, et dont la somme jointe à celle des $n-2p$
termes dela forme $\mathrm{B}e^{-\alpha x}\int \mathrm{V}e^{\alpha x} dx$, représentera l'intégrale complète dela
proposée.

14. D'après ce qui a été trouvé au n.° 11, la valeur générale de y
qui satisfait à l'équation (21), s'exprimera par la formule suivante

$$y = \mathrm{A}_1 e^{-a_1 x}\left\{\int \mathrm{V}e^{a_1 x} dx + \mathrm{C}_1\right\} + \mathrm{A}_2 e^{-a_2 x}\left\{\int \mathrm{V}e^{a_2 x} dx + \mathrm{C}_2\right\} \dots$$

$$+ \mathrm{A}_n e^{-a_n x}\left\{\int \mathrm{V}e^{a_n x} dx + \mathrm{C}_n\right\} \qquad (25)$$

ou bien plus simplement par celle ci

$$y = \mathrm{A}\,\Sigma(e^{-\alpha x}\int \mathrm{V}e^{\alpha x} dx) + \Sigma\, \mathrm{C}e^{-\alpha x}$$

C'est sous une de ces formes qu'elle énonce la propriété démontrée
pour la première fois par *Lagrange* et applicable même au cas où les
coefficiens des termes de l'équation sont des fonctions de x, savoir qu'il
suffit de connaitre les n valeurs particulières qui satisfont à l'équation
(20) pour en déduire la valeur complète de y determinée par l'équation (21). En négligeant les n constantes arbitraires dans la formule
(25), la somme des termes qui resteront représentera nécessairement
une valeur particulière de l'équation (21); et puisque la somme des
termes $\mathrm{C}e^{-\alpha x}$, forme l'intégrale complète de l'équation (20), on en
conclut que celle ci augmentée de cette valeur particulière, donnera
l'intégrale complète de l'équation (21). Nous aurons plus loin l'occa-
sion de généraliser cette remarque.

La valeur de y est susceptible encore d'être exprimée au moyen d'une intégrale definie. En effet d'après la formule (124) de notre mémoire cité , on a identiquement

$$\int^{a}\phi(x) = \left(\frac{1}{a+\delta}\right)\phi(x) = \int_{0}^{\infty} e^{-ax}\phi(x-\alpha)\,d\alpha. \qquad (\alpha)$$

Par conséquent en désignant le terme V par $\phi(x)$, on aura de suite

$$y = \int_{0}^{\infty} (A_{1}e^{-a_{1}x} + A_{2}e^{-a_{2}x} + ...)\,\Phi(x-\alpha)\,d\alpha + \Sigma\, Ce^{-ax}$$

$$= \int_{0}^{x}\Sigma\, Ae^{-a\alpha}\,\phi(x-\alpha)\,d\alpha + \Sigma\, Ce^{-ax} \qquad (26)$$

Dans le cas d'égalité de m racines, on différentiera l'équation (α) $m-1$ fois par rapport à l'élément a, ce qui donnera

$$1.\,2.\,3.... \; m-1 \; \frac{1}{(a+\delta)^{m}}\,\phi(x) = \int_{0}^{\infty} e^{-ax}\alpha^{m-1}\,\phi(x-\alpha)\,d\alpha,$$

ou ce qui revient au même

$$\int^{a}{}^{m}V = \frac{1}{(a+\delta)^{m}}\,\phi(x) = \frac{1}{\Gamma(m)}\int_{0}^{\infty} e^{-ax}\alpha^{m-1}\,\phi(x-\alpha)\,d\alpha \; (*). \qquad (\beta)$$

Il en résultera pour la formule (23) l'expression suivante

$$y = \int_{0}^{\infty}\left\{ e^{-a\alpha}\left\{ \frac{A\alpha^{m-1}+A_{1}\alpha^{m-1}+A_{2}\alpha^{m-2}....+A_{m-1}\alpha}{\Gamma(m)} \right\} \right.$$
$$\left. + B_{1}e^{-a_{1}\alpha} + B_{2}e^{-a_{2}\alpha} + \text{etc.} \right\}\phi(x-\alpha)\,d\alpha, \qquad (27)$$

qui devra être augmentée de l'intégrale complète dela proposée en y supposant V ou $\phi(x)=0$; or il est aisé de s'assurer que cette dernière intégrale n'est autre chose que la quantité qui multiplie $\phi(x-\alpha)$ dans la formule précédente, après y avoir écrit x au lieu de α, et remplacé les coefficiens A, A_{1} .... B, B_{1}, par des constantes arbitraires.

(*) Si l'on suppose $a = 0$, et α negatif, cette formule devient

$$\int^{m}\phi(x)\,dx^{m} = \frac{(-1)^{m}}{\Gamma(m)}\int_{0}^{\infty}\alpha^{m-1}\,\phi(x+\alpha)\,d\alpha$$

la même que celle donnée par M. *Liouville*, et dont ce géométre a fait plusieurs applications intéressantes à la géométrie et à la mécanique. (*Journ. de l'Écol. polyt.* Tom. XIII.)

§2. *Equations différentielles linéaires à coëfficiens variables.*

15. Nous allons traiter maintenant le cas plus général où les coefficiens qui multiplient les termes de l'équation différentielle sont des fonctions dela variable x. En commençant par le premier ordre, l'équation qui se présente d'abord est dela forme

$$\frac{dy}{dx} + Py = V;$$

P, V étant des fonctions de x.

Considérons en premier lieu l'équation

$$\frac{dy}{dx} + Py = 0$$

dont l'intégrale est évidemment

$$y = e^{-\int Pdx}.$$

En écrivant cette équation sous la forme

$$(\partial + P)y = 0,$$

et désignant la caractéristique $\partial + P$ par $(\overset{P}{\partial})$, l'équation différentielle pourra être représentée par

$$(\overset{P}{\partial})y = 0.$$

Soit $y = Xe^{-\int Pdx}$, il est facile d'en déduire la rélation

$$(\partial + P)y = (\overset{P}{\partial})y = e^{-\int Pdx}\, \partial X \qquad (28)$$

qui, par des différentiations successives relativement au signe $(\overset{P}{\partial})$, donnera

$$\overset{P}{(\partial)}{}^{1}y = e^{-\int Pdx}\,\partial^{1}X$$

$$\overset{P}{(\partial)}{}^{2}y = e^{-\int Pdx}\,\partial^{2}X$$

et en général
$$\overset{P}{(\partial)}{}^{n}y = e^{-\int Pdx}\,\partial^{n}X; \qquad\qquad (29)$$

d'où l'on conclut, en prenant n négatif, et désignant par $\overset{P}{\int}$, l'inverse de l'opération $\overset{P}{(\partial)}$

$$\overset{n}{\overset{P}{\int}}y = e^{-\int Pdx}\,{}^{n}\!\!\int X d x^{n} \qquad\qquad (30)$$

où les n constantes arbitraires sont implicitement comprises.

Si dans cette dernière équation on écrit pour X sa valeur $ye^{\int Pdx}$, il en résultera la formule intégrale applicable à toute fonction y de x,

$$\overset{n}{\overset{P}{\int}}y = e^{-\int Pdx}\,{}^{n}\!\!\int y e^{\int Pdx}\,dx^{n} \qquad\qquad (31)$$

En l'appliquant à l'équation générale du premier ordre, mise sous la forme

$$\overset{P}{(\partial)}y = V,$$

on en tirera immédiatement

$$y = \overset{P}{\int}V = e^{-\int Pdx}\int V e^{\int Pdx}\,dx \qquad\qquad (32)$$

pour l'intégrale dela proposée. Cette intégrale sera particulière ou com-complète, selon qu'on néglige ou qu'on ajoute la constante arbitraire introduite par l'intégration.   Dans ce dernier cas, la valeur complète de y s'exprimera par

$$y = e^{-\int Pdx}\int V e^{\int Pdx}\,dx + C e^{-\int Pdx}. \qquad\qquad (33)$$

16. Jusqu'ici la marche de notre méthode a été tout à fait analogue à celle exposée au § précédent, pour les équations du premier ordre. Mais en passant au second ordre, on reconnaîtra que la décomposition

de l'équation caractéristique en deux facteurs binomes, présente en général une difficulté, que les forces actuelles de l'analyse n'ont pu vaincre encore, et que l'on peut regarder comme le seul obstacle qui s'oppose jusqu'ici à l'intégration générale des équations du second ordre.

En effet considérons l'équation

$$\frac{d^2 y}{d^2 x} + P\frac{dy}{dx} + Qy = 0,$$

comme le résultat d'une double opération effectuée sur la fonction y d'abord par rapport à la caractéristique $\overset{X}{(\partial)}$, et ensuite par rapport a celle $\overset{X'}{(\partial)}$; X, X' étant deux fonctions inconnues de x qu'il s'agit de déterminer, de sorte que la proposée puisse être énoncée ainsi:

$$\overset{X'}{(\partial)}\,\overset{X}{(\partial)}y = 0. \tag{34}$$

Il en résulterait alors, par une première intégration ou opération inverse (n.° 15).

$$\overset{X}{(\partial)}y = e^{-\int X' dx};$$

et par une seconde, en vertu dela formule (32)

$$y = e^{-\int X dx}\int e^{\int (X - X') dx}\,dx,$$

ou bien, en faisant pour abréger $\int X dx = u$, $\int X' dx = u'$.

$$y = e^{-u}\int e^{u - u'}\,dx; \tag{35}$$

intégrale qui comprend deux constantes arbitraires.

Quant à la détermination des fonctions X, X', il ne suffira plus, comme dans le n.° 6, de décomposer l'équation caractéristique

$$\partial^2 + P\partial + Q = 0$$

en deux facteurs binomes, en la traitant comme une équation du second degré, attendu que les coefficiens P, Q ne représentent plus des quan-

tités constantes. Voici comment on pourra parvenir alors à la décomposition dont il s'agit.

Soit
$$z = \partial y + Xy = \overset{X}{(\partial)}y,$$

on en tirera
$$\partial z = \partial^2 y + X\partial y + y\partial X,$$

donc
$$\overset{X'}{(\partial)}\overset{X}{(\partial)}y = \overset{X'}{(\partial)}z = \partial z + X'z = \partial^2 y + (X+X')\,\partial y + (XX'+\partial X)y.$$

Comparant les termes de cette équation à celle dela proposée, on aura
pour déterminer les fonctions X, X' les rélations suivantes.

$$X + X' = P. \qquad XX' + \partial X = Q. \tag{36}$$

Faisons $P = 2P'$, $X = P' - t$, $X' = P' + t$; ces substitutions changeront
la seconde des rélations précédentes en celle ci,

$$P'^2 + \frac{dP'}{dx} - t^2 - \frac{dt}{dx} = Q,$$

ou bien

$$t^2 + \frac{dt}{dx} = P'^2 - Q + \frac{dP'}{dx} = R ;$$

d'où l'on voit que la détermination des deux fonctions X, X' et par
conséquent l'intégration de l'équation du second ordre, se trouve ramenée
à celle de l'équation du premier ordre

$$t^2 + \frac{dt}{dx} = R ;$$

intégration qui dans l'état actuel de l'analyse n'est pas possible en général, à moins d'avoir recours aux méthodes d'approximation. Mais,
puisqu'il existe quelques cas particuliers, entre autres celui traité par
le géomètre Italien *Riccati*, qui permettent d'obtenir l'intégrale de
cette dernière équation, il en résultera autant de cas où l'intégration
complète des équations linéaires du second ordre, pourra s'effectuer
sans l'introduction d'un facteur composé, propre à les rendre différentielles exactes, ainsi que l'exige la méthode d'intégration employée

jusqu'ici. La valeur complète de l'intégrale sera d'après la formule (35),

$$y = Ce^{-u} + C'e^{-u} \int e^{u-u'} dx; \qquad (37)$$

les valeurs de u, u' étant données par les équations

$$u \int X dx = \tfrac{1}{2} \int P dx - \int t dx. \qquad u' \int X' dx = \tfrac{1}{2} \int P dx + \int t dx.$$

donc
$$u - u' = 2 \int t dx.$$

Il est évident que les deux termes qui composent l'intégrale complète, en expriment les valeurs particulières, à cause qu'ils vérifient séparement l'équation $(\overset{X'}{\partial})(\overset{X}{\partial}) y = 0$. On remarquera de plus que ces dernières valeurs ne sont pas toutes les deux dela même forme comme dans le § précédent ; ce qui tient à ce que l'ordre des deux différentiations par rapport aux caractéristique $(\overset{X}{\partial})(\overset{X'}{\partial})$, n'est plus indifférent dans le cas actuel. En effet si l'on avait à intégrer l'équation

$$(\overset{X}{\partial})(\overset{X'}{\partial}) y = 0.$$

Les rélations qui servent à déterminer P, Q au moyen des fonctions X, X' supposées connues, deviendraient

$$P = X + X'. \qquad Q = XX' + \partial X'$$

et l'intégrale complète prendrait la forme

$$y = Ce^{-u'} + C'e^{u} \int^{u'-u} dx;$$

résultat essentiellement différent de celui donné par la formule (37). En supposant que l'on connaisse une valeur particulière $y' = e^{-u}$, on en déduira d'abord $X = \dfrac{\partial u}{dx} = - \dfrac{\partial y'}{y' dx}$, et partant $X' = P - X$, $u - u' = \int (2X - P) dx$; d'où l'on pourra évaluer la seconde valeur particulière

$$y'' = e^{-u} \int c^{u-u'} \, \mathrm{d}x.$$

La somme de ces deux valeurs multipliées chacune par une constante arbitraire, fournira l'intégrale complète dela proposée.

17. Lorsque la proposée contient le terme V indépendant de y, son intégration n'offre pas plus de difficulté, une fois que la transformée en t, soit susceptible d'intégration, pour qu'on puisse en tirer les valeurs de X et X'. En effet, après avoir mis la proposée sous la forme

$$\overset{X'}{(\partial)} \overset{X}{(\partial)} y = V;$$

les fonctions X, X' ayant été déterminées au moyen de l'équation

$$(\partial^2 + P\partial + Q)y = 0$$

dela manière exposée au n.° précédent, on aura d'abord, à l'aide d'une première intégration

$$\overset{X}{(\partial)}y = \int \overset{X'}{V} = e^{-\int X' \mathrm{d}x} \int V e^{\int X' \mathrm{d}x} \, \mathrm{d}x = e^{-u'} \int V e^{u'} \mathrm{d}x$$

en vertu dela formule (32). Intégrant de nouveau, il viendra

$$y = e^{-u} \int e^{u-u'} \mathrm{d}x \int V e^{u'} \mathrm{d}x, \qquad (38)$$

où les deux constantes arbitraires sont implicitement comprises, de manière que la valeur de l'intégrale complète, aura pour expression

$$y = C e^{-u} + C' e^{-u} \int e^{u-u'} \mathrm{d}x + e^{-u} \int e^{u-u'} \mathrm{d}x \int V e^{u'} \mathrm{d}x; \qquad (39)$$

dont les deux premiers termes représentent la valeur complète de y qui satisfait à l'équation

$$\overset{X'}{(\partial)} \overset{X}{(\partial)} y = 0;$$

résultat analogue à celui obtenu pour le cas particulier où les coefficiens P, Q sont des quantités constantes (n.° 6).

Il ne sera pas inutile de faire voir que l'expression (38) est susceptible dela transformation suivante. En posant pour abréger $\int e^{u-u'}dx = U$, on aura

$$\int e^{u-u'}dx \int V e^{u'}dx = \int dU \int V e^{u'}dx = U \int V e^{u'}dx - \int U V e^{u'}dx$$

donc
$$y = e^{-u}\left\{ U \int V e^{u'}dx - \int U V e^{u'}dx \right\}. \tag{40}$$

Chaque terme introduisant une constante arbitraire, il en résulte que cette dernière expression comporte la même généralité que celle (39).

18. Si les fonctions P, Q sont liées entre elles par la rélation

$$P^2 + 2\frac{dP}{dx} = 4Q,$$

ou bien

$$P' + \frac{dP'}{dx} - Q = 0$$

ce qui donne
$$t^2 + \frac{dt}{dx} = R = 0,$$

il en résultera $t = \frac{1}{x}$. $X = \frac{1}{2}P - \frac{1}{x}$, $X' = \frac{1}{2}P + \frac{1}{x}$,

$u = \frac{1}{2}\int P dx - lx$. $u' = \frac{1}{2}\int P dx + lx$. $e^{-u} = xe^{-p}$. $e^{u'} = xe^{p}$,

p étant egal à $\frac{1}{2}\int P dx$; d'où l'on tire, en substituant ces valeurs dans la formule (38).

$$y = xe^{-p}\int \frac{lx}{x^2}\int V x\, e^{p}\, dx$$

$$= xe^{-p}\left\{ \int V e^{p}\, dx - \frac{1}{x}\int V x e^{p}\, dx \right\}.$$

L'équation $R = 0$, donne de même $t = 0$, ou bien $X = X' = \frac{P}{2}$. Donc l'équation

$$\partial^2 y + 2X\,\partial y + (X^2 + \partial X)y = V,$$

revient à
$$\overset{\mathbf{X}}{(\partial)^2}y = \mathbf{V},$$

et aura pour intégrale première

$$\overset{\mathbf{X}}{(\partial)}y = e^{-\int \mathbf{X} dx} \int \mathbf{V} e^{\int \mathbf{X} dx}\, dx.$$

Une seconde intégration donnera

$$y = e^{-\int \mathbf{X} dx^2} \int \mathbf{V} e^{\int \mathbf{X} dx}\, dx^2 = e^{-p} \int \mathbf{V} e^p\, dx^2$$
$$= e^{-p} \Big\{ x \int \mathbf{V} e^p\, dx - \int \mathbf{V} x e^p\, dx \Big\},$$

résultat qui coincide avec celui que nous a donné la valeur de $t = \frac{1}{x}$. En supposant $\mathbf{V} = o$, l'intégrale précédente se réduira à

$$y = (\mathbf{C} + \mathbf{C}'x)\, e^{-\int \mathbf{X} dx}.$$

Lorsque la proposée n'a pas de second terme, on aura $\mathbf{X}' = -\mathbf{X}$, $\mathbf{Q} = -(\mathbf{X}'^2 + \partial \mathbf{X}')$. Ainsi l'équation

$$\partial^2 y - (\mathbf{X}^2 + \partial \mathbf{X})y = \mathbf{V}$$

qui revient à
$$\overset{\mathbf{X}}{(\partial)}\,\overset{-\mathbf{X}}{(\partial)}y = \mathbf{V},$$

aura pour intégrale première

$$\overset{-\mathbf{X}}{(\partial)}y = e^{-u} \int \mathbf{V} e^u\, dx,$$

et pour intégrale seconde

$$y = e^u \int e^{-2u}\, dx \int \mathbf{V} e^u\, dx$$

qui dans l'hypothése de $\mathbf{V} = o$, deviendra

$$y = \mathbf{C} e^u + \mathbf{C}' e^u \int e^{-2u}\, dx$$

u étant toujours égale à $\int \mathbf{X}\, dx.$

Ce qui précède montre que l'intégration des équations

$$\partial^2 y - Q y = o$$
$$\partial^2 y - Q y = V$$

dependra encore de celle de l'équation du premier ordre $X^2 + \partial X = Q$.
Cela se prouve d'ailleurs directement, en posant $y = e^{\int X \partial x}$, d'où l'on tire

$$\partial^2 y = y \, (X^2 + \partial X) \cdot$$

Enfin l'équation

$$\partial^2 y + P \partial y = V,$$

pouvant être représentée par

$$\partial \, (\overset{P}{\partial}) y = V,$$

se ramène sur le champ à celle du premier ordre

$$(\overset{P}{\partial}) y = \int V dx$$

dont l'intégrale est $\qquad y = e^{-\int P dx} \int e^{\int P dx} \int V dx,$

comprenant deux constantes arbitraires.

Mais si l'on écrit la proposée sous la forme

$$(\overset{P}{\partial}) \, \partial y = V;$$

on en déduirait d'abord

$$\partial y = e^{-\int P dx} \int V e^{\int P dx} \, dx.$$

Partant

$$y = \int e^{-\int P dx} \, dx \int V e^{\int P dx} \, dx$$

valeur identique avec la précédente, ainsi qu'il est aisé de s'en assurer
par la différentiation.

19. On peut demander de déterminer les fonctions P, Q, telles qu'il
en résulte $X = \dfrac{a}{x}$, et $X' = \dfrac{a'}{x}$; dans ce cas les rélations (36) donneraient

$$\frac{a+a'}{x} = \mathrm{P}. \qquad \frac{aa'-a}{x^2} = \mathrm{Q}.$$

Donc l'équation
$$\partial^2 y + \frac{\mathrm{A}}{x}\,\partial y + \frac{\mathrm{B}}{x^2}\,y = \mathrm{V},$$

A, B étant des constantes, pourra se réduire à la forme

$$(\partial)^{\frac{a}{x}}\,(\partial)^{\frac{a'}{x}}\,y = \mathrm{V},$$

en faisant
$$\mathrm{A} = a + a'. \quad \mathrm{B} = a\,(a'-1);$$

d'où il résulte que les constantes a, a' seront les racines de l'équation du second degré

$$a^2 - (\mathrm{A}-1)\,a + \mathrm{B} = 0.$$

On aura alors $u = \int \mathrm{X}\,dx = l(x^a)$. $u' = \int \mathrm{X}'\,dx = l(x^2)$; et en vertu dela formule (38)

$$y = x^{-a}\int x^{a-a'}\,dx \int \mathrm{V}x^{a'}\,dx$$
$$= \frac{1}{a-a'+1}\Big\{ x^{1-a'}\int \mathrm{V}x^{a'}\,dx - x^{-a}\int \mathrm{V}x^{a+1}\,dx \Big\} ; \qquad (43)$$

valeur qui devra être complétée par la quantité

$$\mathrm{C}x^{1-a'} + \mathrm{C}'x^{-a}.$$

Remarquons encore que l'équation

$$(a + bx)^2\,\partial^2 y + \mathrm{A}\,(a + bx)\,\partial y + \mathrm{B}y = \mathrm{V},$$

rentre immédiatement dans celle que nous venons de traiter, en y faisant $a + bx = bx'$, et divisant ensuite chacun de ses termes par $b^2 x'^2$.

20. Passons maintenant à l'équation du troisième ordre

$$\frac{d^3 y}{d^3 x} + \mathrm{P}\frac{d^2 y}{d^2 x} + \mathrm{Q}\frac{dy}{dx} + \mathrm{R}y = \mathrm{V}. \qquad (44)$$

5

S'il était possible en général de décomposer son équation caractéristique en deux facteurs, en lui donnant la forme

$$(\partial + X)(\partial^2 + M\partial + N)\, y = 0,$$

l'intégration dela proposée serait évidemment ramenée par là, à celle de l'équation du second ordre

$$\frac{d^2 y}{d^2 x} + M\frac{dy}{dx} + Ny = e^{-\int Xdx}\int Ve^{\int Xdx}dx,$$

et rentrerait alors dans le cas précédent. Or, cette décomposition ne peut être effectuée qu'après avoir intégré une autre équation non linéaire du second degré, intégration qui échappe aux méthodes connues jusqu'ici. En effet, posons

$$z = \partial^2 y + M\,\partial y + Ny$$

On en déduira

$$\partial z = \partial^3 y + M\,\partial^2 y + (N + \partial M)\,\partial y + y\partial N$$
$$Xz = X\,\partial^2 y + M\,X\partial y + N\,Xy,$$

et puisque la proposée revient à

$$(\partial + X)z = (\overset{X}{\partial})z = V.$$

la comparaison des termes semblables donnera lieu aux rélations

$$M + X = P. \quad N + MX + \partial M = Q. \quad NX + \partial N = R \qquad (45)$$

qui devront servir à déterminer les trois fonctions inconnues X, M, N.

Pour cela, différentions la première de ces équations, et substituons les valeurs de M et ∂M, dans la seconde; celle ci deviendra

$$N + PX - X^2 - \partial X = Q - \partial P = S.$$

Cette nouvelle équation étant différentiée, et multipliée par X, la somme des deux résultats donnera, en ayant égard à la troisième des rélations (45)

$$\partial^2 X + (3X - P)\,\partial X + X^3 - PX^2 + (S - \partial P)X = R - \partial S;$$

équation du second ordre mais dont l'intégration générale ne semble guére possible dans l'état actuel de l'analyse.

On tombe également sur une équation de même espéce que la précédente, en supposant l'équation caractéristique décomposée ainsi qu'il suit

$$(\partial^2 + M\partial + N)(\partial + X) = o.$$

Si l'on fait alors

$$z = \partial y + Xy$$

et qu'on en déduise la valeur de $\partial^2 z + M\,\partial z + Nz$ qui représentera le premier membre dela proposée, on trouvera que les fonctions M, N, X se détermineront par les rélations

$$M + X = P. \quad MX + 2\partial X + N = Q. \quad NX + M\partial X + \partial^2 X = R; \quad (46)$$

d'où il est aisé de tirer l'équation finale

$$\partial^2 X + (P - 3X)\,\partial X + X^2 - PX^2 + QX = R$$

dont l'intégration présente le même obstacle. Ainsi tant que cette difficulté restera à vaincre, le troisième ordre ne pourra être ramené au second que dans quelques cas particuliers que nous indiquerons ci après.

21. Il n'en est pas de même cependant, toutes les fois que l'on connaisse la valeur particulière $y_1 = e^{-\int X dx}$, qui, d'après la dernière décomposition de son équation caractéristique, verifie la proposée dans l'hypothése de $V = o$. Dans ce cas, on aura d'abord $X = -\dfrac{\partial y_1}{y_1}$. Les équations (46) donneront ensuite $M = P - X$, $N = Q - MX - 2\partial X$. Les fonctions M, N étant déterminées de cette manière, il ne s'agira plus que d'obtenir l'intégrale de l'équation du second ordre.

$$\partial^2 z + M\partial z + Nz = V.$$

En supposant que son intégration soit possible d'après le procédé exposé au n.° 16, ou en d'autres termes, que le premiére membre de son équation caractéristique puisse être decomposé dans les deux facteurs $\partial + X_1$, $\partial + X_2$, la proposée sera reduite à la forme simplifiée

$$\overset{X_2}{(\partial)}\ \overset{X_1}{(\partial)}\ \overset{X}{(\partial)}\, y = V;$$

d'où l'on déduira successivement, en posant pour abréger

$$u = \int X\, dx. \quad u_1 = \int X_1\, dx. \quad u_2 = \int X_2\, dx,$$

$$\overset{X_1}{(\partial)}\ \overset{X}{(\partial)}\, y = e^{-u_2} \int V e^{u_2}\, dx$$

$$\overset{X}{(\partial)}\, y = e^{-u_1} \int e^{u_1 - u_2}\, dx \int V e^{u_2}\, dx$$

$$y = e^{-u} \int e^{u - u_1}\, dx \int e^{u_1 - u_2}\, dx \int V e^{u_2}\, dx \qquad (47)$$

ou bien $\qquad y = y_1 \int \dfrac{e^{-u_1}}{y_1}\, dx \int e^{u_1 - u_2}\, dx \int V e^{u_2}\, dx,$

à cause de $y_1 = e^{-\int X\, dx} = e^{-u}$.

Cette valeur de y sera complète ou particuliere, selon que l'on y ajoute ou non les constantes arbitraires comprises dans la triple intégrale indiquée par la formule (47).

Lorsqu'on a $V = 0$, l'intégrale complète dela proposée deviendra

$$y = C e^{-u} + C_1 e^{-u} \int e^{u - u_1} dx + C_2 e^{-u} \int e^{u - u_1}\, dx \int e^{u_1 - u_2}\, dx.$$

Cette valeur prendra la forme suivante

$$y = e^{-u}\left\{ C + C_1 U + C_2 \int U_1 dU \right\} \qquad (48)$$

en posant pour simplifier

$$\int e^{u - u_1}\, dx = U, \qquad \int e^{u_1 - u_2}\, dx = U_1.$$

L'intégrale complète représentée par la formule (47) est susceptible encore dela transformation suivante, analogue à celle effectuée sur la formule (38) pour le second ordre.

En effet on a d'abord, en intégrant par parties

$$\int e^{u_1-u_2}\, dx \int V e^{u_2}\, dx = \int dU_1 \int V e^{u_2}\, dx$$
$$= U_1 \int V e^{u_2}\, dx - \int V U_1 e^{u_2}\, dx,$$

donc
$$e^u y = \int U_1\, dU \int V e^{u_2}\, dx - \int dU \int V U_1 e^{u_2}\, dx.$$

La première de ces doubles intégrales revient à

$$\int U_1\, dU \times \int V e^{u_2}\, dx - \int V e^{u_2}\, dx \int U_1\, dU$$
$$= \int U_1\, dU \times \int V e^{u_2}\, dx - \int U U_1 V e^{u_2}\, dx + \int V e^{u_2}\, dx \int U\, dU_1$$

et la seconde à

$$U \int V U_1 e^{u_2}\, dx - \int U U_1 V e^{u_2}\, dx.$$

Effectuant les substitutions, on trouvera que la valeur de y pourra s'exprimer par la formule

$$y = e^{-u}\left\{ \int V e^{u_2}\, dx \int U\, dU_1 - U \int V U_1 e^{u_2}\, dx + \int U_1\, dU \times \int V e^{u_2}\, dx \right\}. \quad (49)$$

Et puisque e^{-u}, $e^{-u} U$, $e^{-u} \int U_1\, dU$, représentent des valeurs particulières de l'équation (44) en y supposant $V = 0$, la formule que nous venons d'obtenir énonce la propriété analogue à celle que l'on aura pu remarquer également dans le second ordre (n.° 17); savoir que l'intégrale de la proposée se compose dela somme algébrique de ces valeurs particulières multipliées chacune par une fonction de x, dont la détermination n'offre d'autre difficulté que celle qui tient à l'intégration des produits indiqués dans la formule (48). Il est évident d'ailleurs que pour rendre cette intégrale complète, on n'aura qu'à y ajouter la fonction

$$e^{-u}\left\{ C + C_1 U_1 + C_2 \int U_1\, dU \right\}.$$

22. Supposons maintenant que l'on connaisse deux valeurs particulieres

$$y_1 = e^{-u}. \qquad y_2 = e^{-u}\int e^{u-u_1}\, dx = e^{-u}U$$

qui verifient l'équation $\overset{X_2}{(\partial)}\,\overset{X_1}{(\partial)}\,\overset{X}{(\partial)}y = 0$.

On en tirera d'abord

$$\int e^{u-u_1}\, dx = \frac{y_2}{y_1} = U$$

$$e^{u-u_1} = \partial U. \qquad e^{-(u+u_1)} = y_1^2\,\partial U. \qquad e^{-u_1} = y_1\partial U.$$

Et puisqu'on a évidemment

$$X + X_1 + X_2 = P, \qquad \text{d'où } u + u_1 + u_2 = \int P dx\,;$$

il en résultera

$$e^{u_2} = y_1^2\,\partial U\, e^{\int P dx}$$

$$U_1 = \int e^{u_2-u_1}\, dx = \int \frac{e^{-\int P dx}\, dx}{y_1^2(\partial U)^2}\,;$$

valeurs qui étant substituées dans une des formules (47) ou (49), détermineront celle de l'intégrale complète.

23. Dans le cas particulier où $u_1 = u_2$, la formule (47) se réduirait à

$$y = e^{-u}\int e^{u-u_1}\, dx\, ^2\!\!\int V e^{u_2}\, dx^2,$$

et en y faisant $V = 0$, elle deviendrait

$$y = e^{-u}\left\{ C + \int(C_1 + C_2 x)e^{u-u_1}\, dx\right\}.$$

Si l'on avait $u_1 = u$, on trouverait

$$y = e^{-u}\, ^2\!\!\int e^{u-u_2}\, dx^2 \int V e^{u_2}\, dx\,;$$

et en supposant de même $V = 0$

$$y = e^{-u}\left\{ C + C_1 x + C_2\, ^2\!\!\int e^{u-u_2}\, dx^2\right\}$$

Soit encore $u = u_1 = u_2$, il viendrait simplement

$$y = e^{-u} \, {}^3\!\int V e^u \, dx^3$$

et pour $V = 0$

$$y = e^{-u} \left\{ C + C_1 x + C_2 x^2 \right\}. \quad u = \tfrac{1}{3}\int P dx.$$

Dans ce cas les rélations $(45)(46)$ feront voir aisément que les fonctions P, Q, R devront être liées entre elles par les équations

$$P^2 + 3\partial P = 3Q. \qquad PQ + 3\partial Q = 9R,$$

à cause de $N = X^2 + \partial X$

Supposons $u_1 = -u_2$, ou bien $X_1 + X_2 = 0$, il en résultera $M = 0$, $X = P$ et en vertu des équations (46)

$$2\partial P + N = Q. \qquad NP + \partial^2 P = R;$$

d'où il suit

$$\partial^2 P - 2P\partial P = R - PQ.$$

Telle est la relation qui existera alors entre les fonctions P, Q, R. Quant à la valeur de X_1, puisqu'on aura ici (n.° 18)

$$X_t^2 + \partial X_1 + N = 0,$$

il s'agira d'intégrer l'équation du premier ordre

$$X_t^2 + \partial X_1 = 2\partial P - Q.$$

La valeur générale de y, donnée par la formule (47) deviendra dans le cas actuel

$$y = e^{-u} \int e^{u - u_1} \, dx \int e^{2u_1} \, dx \int V e^{-u_1} \, dx;$$

u étant égal à $\int P dx$. Lorsque $V = 0$, on aura

$$y = C e^{-u} + C_1 e^{-u} \int e^{u - u_1} \, dx + C_2 e^{-u} \int e^{2u_1} \, dx.$$

24. Considérons l'équation

$$\frac{d^3y}{dx^3} + \frac{A}{x}\frac{d^2y}{dx^2} + \frac{B}{x^2}\frac{dy}{dx} + \frac{C}{x^3}\,y = V,$$

et cherchons les valeurs des constantes A, B, C, pour que cette équation donne

$$X = \frac{a}{x}. \qquad X_1 = \frac{a_1}{x}. \qquad X_2 = \frac{a_2}{x}.$$

On aura d'abord la rélation

$$A = a + a_1 + a_2 ;$$

ensuite, en vertu de ce qui a été trouvé au n.° 16

$$M = \frac{a_1 + a_2}{x}. \qquad N = \frac{a_1\,(a_2 - 1)}{x^2}.$$

Substituant ces valeurs dans les rélations (46), on obtiendra sans peine

$$B = a\,(a_1 + a_2) - 2a + a_1\,(a_2 - 1) = aa_1 + aa_2 + a_1\,a_2 - (2a + a_1)$$
$$C = aa_1\,(a_2 - 1) - a\,(a_1 + a_2) + 2a = a\,(a_1 - 1)\,(a_2 - 2).$$

Et puisque les valeurs de X, X_1, X_2, donnent

$$e^u = x^a. \qquad e^{u_1} = x^{a_1}. \qquad e^{u_2} = x^{a_2}.$$

on en conclura immédiatement pour la valeur de l'intégrale

$$y = x^{-a} \int x^{a - a_1}\,dx \int x^{a_1 - a_2}\,dx \int V x^{a_2}\,dx\,,$$

et lorsque $V = 0$

$$y = C x^{-a} + C_1 x^{1 - a_1} + C_2 x^{2 - a_2}.$$

Ecrivons a', a'', au lieu de $a_1 - 1$, $a_2 - 2$, on s'assurera facilement que les quantites a, a', a'', seront les racines de l'équation du troisième degré

$$a^3 - (A - 3)\,a^2 + (B - A + 2)\,a - C = 0;$$

ce qui fournit le moyen de déterminer les valeurs de a, a_1, a_2, à l'aide des coefficiens A, B, C.

L'équation

$$(a+bx)^{2}+\frac{d^{3}y}{dx^{3}}A(a+bx)^{2}\frac{d^{2}y}{dx^{2}}+B(a+bx)\frac{dy}{dx}+Cy=V$$

se ramène à la forme précédente, après avoir remplacé $a+bx$ par bx', et divisé chaque terme par $b'x''$; transformation analogue à celle operée dans le second ordre (n.° 19).

25. Ce qui précède suffira pour indiquer les difficultés qui s'opposent jusqu'ici à l'intégration complète des équations linéaires passant le premier ordre; difficultés qui doivent augmenter à mesure que l'ordre de ces équations s'élève. On aura déjà pu entrevoir que cette intégration rélativement à un ordre quelconque n, sera toujours possible, dès que l'on connaisse les n valeurs particulières qui satisfont à la proposée dégagée du terme V.

En effet si l'on suppose l'équation caractéristique décomposée en n facteurs $\partial+X_{1}, \partial+X_{2}\ldots\partial+X_{n}$, et qu'on fasse pour abréger, $u_{1}=\int X_{1}\,dx$, $u_{2}=\int X_{2}\,dx\ldots u_{n}=\int X_{n}\,dx$, il est aisé de s'assurer que l'application de la méthode employée ci-dessus, conduira à la formule générale

$$y=e^{-u_{1}}\int e^{u_{1}-u_{2}}\,dx\int e^{u_{2}-u_{3}}\,dx\ldots\int Ve^{u_{n}}\,dx$$

ou bien, en posant comme précédemment

$$\int e^{u_{1}-u_{2}}\,dx=U_{1}.\quad \int e^{u_{2}-u_{3}}\,dx=U_{2}\ldots\int e^{u_{n-1}-u_{n}}\,dx=U_{n-1}$$

$$y=e^{-u_{1}}\int dU_{1}\int dU_{2}\ldots\int dU_{n-1}\int Ve^{u_{n}}\,dx. \qquad (5o)$$

Dans l'hypothése de $V=o$. la proposée sera satisfaite par chacune des n valeurs particulières

$$e^{-u_{1}},\ e^{-u_{1}}U_{1},\ e^{-u_{1}}\int U_{1}\,dU_{1},\ \ldots\ e^{-u_{1}}\int dU_{1}\int dU_{2}\ldots\int U_{n-1}\,dU_{n-2}.$$

Ces valeurs étant supposées, connues, elles serviront à en déduire les fonctions $U_{1}, U_{2}\ldots U_{n-1}$ et leurs différentielles, que l'on substituera ensuite dans la formule (5o), de sorte que la valeur complète

6

de l'intégrale y s'obtiendra par une suite de n intégrations successives, sans qu'il faille recourir à la résolution d'un sistème de n équations à n inconnues, ainsi que l'exige la méthode d'intégration due à *Lagrange* et basée sur la variation des constantes arbitraires.

En négligeant les n constantes implicitement comprises dans la formule (5o), celle ci ne représentera qu'une valeur particulière de y. Désignons la par Y, et par $C_1 y_1$, $C_2 y_2$, ... $C_n y_n$ les valeurs particulières enoncées ci-dessus, et dont la somme exprime l'intégrale complète dela proposée dégagée du terme V, on aura évidemment

$$y = Y + C_1 y_1 + C_2 y_2 \ldots + C_n y_n,$$

Mais si l'on néglige seulement un nombre quelconque m de ces constantes arbitraires, la valeur de y qui en proviendra, n'en restera pas moins une intégrale particulière; et en substituant cette dernière à Y, la valeur complète de y conservera toujours la même forme que la formule précédente, eu égard à l'indétermination des coefficiens C_1 C_2.... On en conclura donc que *la valeur complète de l'intégrale de toute équation linéaire, se composera d'une valeur particulière quelconque, et de l'intégrale complète de cette équation dégagée du terme* V. (*)

On peut appliquer à la formule générale (5o) l'intégration par parties; on arrivera alors à une expression composée de n termes, analogue à celle obtenue pour le second et le troisième ordre. Elle donnera lieu par conséquent à généraliser la remarque faite à l'égard dela formule (49). En supposant que l'on connut seulement les $n-1$ valeurs particulières

---

(*) *Le même* théorème a déjà été prouvé d'une autre manière par **M.** le **Professeur** *Van Rees*, dans *la Correspondance Phys. et Mathém.* Vol. II. pag. 332. Ce savant géomètre y indique en même tems un procédé propre à obtenir l'intégrale particulière, lorsque les coefficiens des termes de la proposée sont des constantes, et que d'ailleurs la fonction V est de nature à faire pressentir la forme de cette valeur particulière ; procédé qui pourra quelque fois faire éviter avec avantage les intégrations que nécessite l'emploi de la formule (25).

$y_1, y_2 .... y_{n-1}$, on pourrait en déduire les $n-1$ quantités $u_1, u_2 .... u_{n-1}$; et puisqu'on a toujours $u_1 + u_2 + ... u_n = \int P dx$, P désignant le coefficient du second terme dela proposée, cette dernière rélation fera connaître u_n, et partant la fonction U_{n-1} d'où dépend la valeur particulière y_n, qui restait à déterminer pour parvenir à l'intégrale complète.

26. *Euler* avait déjà remarqué qu'il existe un cas général susceptible d'intégration complète ; c'est celui de l'équation

$$x^n \frac{d^n y}{dx^n} + A x^{n-1} \frac{d^{n-1} y}{dx^{n-1}} .... + M x \frac{dy}{dx} + Ny = V; \qquad (51)$$

A .... M, N étant des constantes.

On peut la ramener dela manière suivante à une autre équation de même ordre, et dont les coefficiens sont constans. Soit $x = e^u$, ou $\frac{dx}{x} = du$; il en résultera

$$\frac{dy}{du} = x \frac{dy}{dx} = e^u \frac{dy}{dx}.$$

Prenant u pour la variable indépendante, les coefficiens différentiels $\frac{d^2 y}{dx^2}$, $\frac{d^3 y}{dx^3}$ etc., qui supposent la différentielle dx constante, devront étre transformés en d'autres qui repondent à l'hypothèse de du constante. Cette transformation peut s'effectuer d'une manière générale et assez simple, ainsi qu'on va le voir.

Pour cela, faisons $\frac{dy}{dx} = z$, l'équation précédente deviendra

$$z = e^u \frac{dy}{du}.$$

Or, en observant que l'équation

$$y = e^{ax} X,$$

donne

$$\overset{-a}{(\partial)} y = e^{ax} \frac{dX}{dx};$$

on conclura directement de la valeur de z, les rélations suivantes :

$$\overset{-1}{(\partial)}z = e^{u}\,\frac{1}{\mathrm{d}u}\,\mathrm{d}\left(\frac{\mathrm{d}y}{\mathrm{d}x}\right) = e^{2u}\,\frac{1}{\mathrm{d}x}\,\mathrm{d}\left(\frac{\mathrm{d}y}{\mathrm{d}x}\right)$$

$$\overset{-2}{(\partial)}\,\overset{-1}{(\partial)}z = e^{2u}\,\frac{1}{\mathrm{d}u}\,\mathrm{d}\left\{\frac{1}{\mathrm{d}x}\,\mathrm{d}\left(\frac{\mathrm{d}y}{\mathrm{d}x}\right)\right\} = e^{3u}\,\frac{1}{\mathrm{d}x}\,\mathrm{d}\left\{\frac{1}{\mathrm{d}x}\,\mathrm{d}\left(\frac{\mathrm{d}y}{\mathrm{d}x}\right)\right\}.$$

Donc, en continuant dela sorte, on arrivera à la formule générale

$$\overset{-1}{(\partial)}\,\overset{-2}{(\partial)}\ldots\overset{n-1}{(\partial)}\left(\frac{\mathrm{d}y}{\mathrm{d}u}\right) = e^{nu}\,\frac{\mathrm{d}^{n}y}{\mathrm{d}x^{n}} = x^{n}\,\frac{\mathrm{d}^{n}y}{\mathrm{d}x^{n}},$$

où $\mathrm{d}x$ n'est plus considérée comme constante.

En suivant le procédé ordinaire dela différentiation, on trouvera les mêmes résultats particuliers, mais ce n'est que par analogie qu'on parvient alors à l'expression générale pour $x^{n}\frac{\mathrm{d}^{n}y}{\mathrm{d}x^{n}}$. (*)

Soit par exemple l'équation du troisième ordre

$$x^{3}\,\frac{\mathrm{d}^{3}y}{\mathrm{d}x^{3}} + \mathrm{A}x^{2}\,\frac{\mathrm{d}^{2}y}{\mathrm{d}x} + \mathrm{B}x\,\frac{\mathrm{d}y}{\mathrm{d}x} + \mathrm{C}y = \mathrm{V},$$

déjà traitée dans le n.° 24 sous la forme

$$\frac{\mathrm{d}^{3}y}{\mathrm{d}x^{3}} + \frac{\mathrm{A}}{x}\,\frac{\mathrm{d}^{2}y}{\mathrm{d}x^{2}} + \frac{\mathrm{B}}{x^{2}}\,\frac{\mathrm{d}y}{\mathrm{d}x} + \frac{\mathrm{C}}{x^{3}}y = \mathrm{V}'.$$

Elle deviendra en y remplaçant

$$x^{3}\,\frac{\mathrm{d}^{3}y}{\mathrm{d}x^{3}}\ \text{par sa valeur}\ \overset{-1}{(\partial)}\,\overset{-2}{(\partial)}\,\partial y = (\partial-1)(\partial-2)\,\partial y = (\partial^{3} - 3\partial^{2} + 2\partial)y$$

et $x^{2}\frac{\mathrm{d}^{2}y}{\mathrm{d}x^{2}}$ par sa valeur $\overset{-1}{(\partial)}\,\partial y = (\partial^{2} - \partial)y$,

$$\frac{\mathrm{d}^{3}y}{\mathrm{d}u^{3}} + (\mathrm{A}-3)\,\frac{\mathrm{d}^{2}y}{\mathrm{d}u^{2}} + (\mathrm{B}-\mathrm{A}+2)\,\frac{\mathrm{d}y}{\mathrm{d}u} + \mathrm{C}y = \mathrm{V}.$$

Si maintenant $\partial+a$, $\partial+a'$, $\partial+a''$, représentent les trois facteurs dela caractéristique de cette dernière équation, celle ci aura pour intégrale

$$y = e^{-au}\int e^{(a-a')u}\,\mathrm{d}u\int e^{(a'-a'')u}\,\mathrm{d}u\int \mathrm{V}e^{a''u}\,\mathrm{d}u,$$

(*) *Lacroix*. Tom. II. pag. 337,

ou bien, en y introduisant la variable x.

$$y = x^{-a} \int x^{a-a'-1}\, \mathrm{d}x \int x^{a'-a''-1}\, \mathrm{d}x \int V x^{a''-1}\, \mathrm{d}x;$$

valeur qui coincide avec celle obtenue dans le n.° cité, après avoir changé a' en a_1-1, a'' en a_2-2, et V en $V'x^2$. On peut la représenter encore sous la forme suivante

$$y = \frac{x^{-a}}{A} \int V x^{a-1}\, \mathrm{d}x + \frac{x^{-a'}}{A'} \int V x^{a'-1}\, \mathrm{d}x + \frac{x^{-a''}}{A''} \int V x^{a''-1};$$

les dénominateurs A, A', A'', exprimant les produits indiqués au n.° 10.

Il est bon d'observer ici qu'on peut parvenir directement à l'intégrale de l'équation (51), dans l'hypothése de $V=0$. En effet, faisons $y=x^a$, ce qui donnera les équations

$$\frac{\mathrm{d}y}{\mathrm{d}x} = a x^{a-1}, \qquad x\,\frac{\mathrm{d}y}{\mathrm{d}x} = ay,$$

$$\frac{\mathrm{d}^2 y}{\mathrm{d}x^2} = a(a-1)x^{a-2}, \qquad x^2\frac{\mathrm{d}^2 y}{\mathrm{d}x^2} = a(a-1)y,$$

et en général $\quad x^n \frac{\mathrm{d}^n y}{\mathrm{d}x^n} = a(a-1)(a-2)\dots(a-n+1)y.$

L'équation à intégrer se réduira, après avoir supprimé le facteur commun y, à

$$a(a-1)\dots(a-n+1) + A a(a-1)\dots(a-n+2)\dots + Ma + N = 0.$$

Celle ci étant développée et ordonnée suivant les puissances de a, sera du n.^{me} degré. En supposant cette équation decomposée en n facteurs $a+\alpha_1$, $a+\alpha_2$, ... $a+\alpha_n$, la valeur de y aura évidemment pour expression

$$y = C_1 x^{-\alpha_1} + C_2 x^{-\alpha_2} \dots + C_n x^{-\alpha_n},$$

dont chaque terme désigne une valeur particulière qui vérifie la proposée dans l'hypothése dont il s'agit.

En donnant aux quantités X_1, X_2 etc., des valeurs déterminées en fonctions de x, on pourra établir à priori dans chaque ordre, diverses classes d'équations susceptibles d'intégration complète, soit directement, soit au moyen d'un changement convenable dela variable indépendante, ainsi qu'il a été montré ci-dessus.

27. Nous terminerons ce chapitre par faire voir succinctement que notre méthode d'intégration peut encore s'appliquer avec succès, à la résolution des équations simultanées du premier degré ; objet dont se sont spécialement occupés deux grands géomètres, *d'Alembert* et *Ampère*.

Soient d'abord les deux équations du premier ordre

$$\frac{dy}{dt} + Py + Qx = T,$$

$$\frac{dx}{dt} + P'y + Q'x = T',$$

P, Q, P', Q', T, T' désignant des fonctions dela variable indépendante t.
Si l'on pose

$$\frac{P}{Q} = p. \quad \frac{P'}{Q} = p'. \quad \frac{Q'}{Q} = q. \quad \frac{T}{Q} = R. \quad \frac{T'}{Q} = R'. \quad Qdt = dt'.$$

Les équations données prendront les formes suivantes

$$\left. \begin{aligned} \frac{dy}{dt'} + py + x &= R, \\ \frac{dx}{dt'} + p'y + qx &= R', \end{aligned} \right\} \quad (52)$$

et pourront par conséquent être représentées plus simplement par celles ci

$$(\overset{p}{\partial})y + x = R. \qquad (\overset{q}{\partial})x + p'y = R'. \qquad (53)$$

On déduit dela première

$$(\overset{q}{\partial})\,(\overset{p}{\partial})y + (\overset{q}{\partial})x = (\overset{q}{\partial})R.$$

Prenant la différence de celle ci avec la seconde des équations (53), il viendra

$$(\overset{q}{\partial})(\overset{p}{\partial})y - p'y = (\overset{q}{\partial})R - R' = V;$$

équation du second ordre, et susceptible d'être mise sous la forme

$$\overset{u'}{(\partial)}\,\overset{u}{(\partial)}y = \mathrm{V}, \qquad (54)$$

en posant, d'après le n.° 16,

$$\overset{.}{u} + u' = p + q. \qquad uu' + \partial u = pq + \partial p - p'.$$

Soit
$$\frac{u'-u}{2} = u_{\iota}. \qquad \frac{q-p}{2} = r,$$

on parviendra sans peine à l'équation suivante

$$u_{\iota}^{2} + \frac{du_{\iota}}{dt_{\iota}} = r^{2} + \frac{dr}{dt} + p' = \mathrm{U}, \qquad (55)$$

qui servira à déterminer u, u' en fonctions de t_{ι}, chaque fois que son intégration devienne possible.

Quant à la valeur de y, on tirera de l'équation (54), en mettant pour abréger

$$\int u\,dt_{\iota} = \int \mathrm{Q}u\,dt = \mu, \quad \int u'dt_{\iota} = \int \mathrm{Q}u'dt = \mu',$$

et en vertu dela formule (38)

$$y = e^{-\mu}\int e^{\mu-\mu'}dt_{\iota}\int \mathrm{V}e^{\mu'}dt_{\iota},$$

ou bien
$$y = e^{-\mu}\int \mathrm{Q}e^{\mu-\mu'}dt\int \mathrm{V}\mathrm{Q}e^{\mu'}dt. \qquad (56)$$

La valeur de x se déterminera ensuite à l'aide dela première des équations données.

L'analyse précédente montre que c'est à l'intégration de l'équation (55) que se réduit toute la difficulté du problême. Dans la méthode ordinaire, la détermination du facteur par lequel on multiplie l'une des équations proposées, dépend de l'intégration d'une équation différentielle plus compliquée que celle (55), comme on peut le voir dans l'ouvrage de M. *Lacroix*. (Tom. II. pag. 348). Le procédé que nous venons d'exposer semble donc préférable tant sous le rapport dela simplicité, que par l'avantage qu'il présente de fournir immédiatement les valeurs de y et x en fonctions de t, sans exiger une nouvelle élimination, ainsi que le comporte la méthode due aux deux géomètres cités ci-dessus.

Le cas particulier de $P' = o$, donnerait, en vertu de l'équation (55)

$$u_t = r. \quad \text{d'où } u = p. \quad u_t = q. \quad \mu = \int P dt. \quad \mu' = \int Q' dt.$$

Si les coefficiens P, Q, P', Q', ou bien les rapports p, q, sont des quantités constantes, les valeurs de u, u' seront données par les deux équations

$$u + u_t = p + q. \quad u u' = pq - p';$$

on aura de plus

$$\mu = u \int Q dt. \quad \mu_t = u_t \int Q dt,$$

ou bien, lorsque P, Q sont des constantes

$$\mu = Q u t. \quad \mu' = Q u' t;$$

valeurs qu'il s'agira de substituer dans l'expression générale de y.

Lorsque les équations différentielles sont dela forme

$$(My + Nx)\, dt + P dy + Q dx = T dt,$$
$$(M'y + N'x)\, dt + P' dy + Q' dx = T' dt,$$

il est évident que l'élimination successive des différentielles dx, dy, les ramenera immédiatement à la forme que nous venons de traiter, de sorte qu'elles deviendront susceptibles d'être integrées d'après le même procédé. La méthode exposée par quelques auteurs, exige une rélation particuliere entre les huit coefficiens des premiers membres de ces équations, pourque leur intégration devienne possible. Cette rélation est donnée par le sistême d'équations

$$\frac{Q+Q'\vartheta}{P+P'\vartheta} = \frac{N+N'\vartheta}{M+M'\vartheta}. \qquad d\left\{\frac{N+N'\vartheta}{M+M'\vartheta}\right\} = 0$$

en éliminant entre elles la fonction ϑ. (*)

Cependant puisque notre analyse a fait voir, que cette intégration pourra s'effectuer dans tous les cas où l'équation (55) sera susceptible d'intégration, et indépendamment de toute rélation particulière entre les coefficiens variables, il semble que la méthode ordinaire n'offre pas toute la généralité que la matière comporte.

Lorsque ces coefficiens sont constans, on peut, sans avoir récours à l'élimination préalable de l'une des différentielles, procéder encore dela manière suivante.

Soient les équations

$$(ay + bx)\,dt + \alpha\,dy + \beta\,dx = T\,dt$$
$$(a'y + b'x)\,dt + \alpha'dy + \beta'dx = T'dt.$$

Posant $a = \alpha m$, $b = \beta n$, $a' = \alpha'm'$, $b' = \beta'n'$, elles deviendront

$$\alpha\left(\frac{dy}{dt} + my\right) + \beta\left(\frac{dx}{dt} + nx\right) = T$$
$$\alpha'\left(\frac{dy}{dt} + m'y\right) + \beta'\left(\frac{dx}{dt} + n'x\right) = T'$$

ou ce qui revient au même,

$$\left.\begin{aligned}
\overset{m}{(\partial)}y + \frac{\beta}{\alpha}\overset{n}{(\partial)}x &= \frac{T}{\alpha} \\[2ex]
\overset{m'}{(\partial)}y + \frac{\beta'}{\alpha'}\overset{n'}{(\partial)}x &= \frac{T'}{\alpha'}.
\end{aligned}\right\} \qquad (57)$$

Or, puisque l'hypothèse actuelle donne $\overset{m}{(\partial)}\,\overset{m'}{(\partial)}y = \overset{m'}{(\partial)}\,\overset{m}{(\partial)}y$, on peut déduire des équations précédentes, celles qui suivent

(*) Voyez entre autres *Garnier*, Leçons de calcul intégr. 3.ᵉ édit. pag. 335, et *Boucharlat*, Élémens de calc. différ. et intégr. 4.ᵉ édit. pag. 343.

$$\overset{m'}{(\partial)}\,\overset{m}{(\partial)}y + \frac{\beta}{\alpha}\,\overset{m'}{(\partial)}\overset{n}{(\partial)}x = \frac{1}{\alpha}\,\overset{m'}{(\partial)}\,T$$

$$\overset{m'}{(\partial)}\,\overset{m}{(\partial)}y + \frac{\beta'}{\alpha'}\,\overset{m}{(\partial)}\overset{n'}{(\partial)}x = \frac{1}{\alpha'}\,\overset{m}{(\partial)}\,T;$$

d'où l'on tire

$$\overset{m'}{(\partial)}\overset{n}{(\partial)}x - \frac{\alpha\beta'}{\alpha'\beta}\,\overset{m}{(\partial)}\overset{n'}{(\partial)}x = \frac{1}{\beta}\,\overset{m'}{(\partial)}\,T - \frac{\alpha}{\alpha'\beta}\,\overset{m}{(\partial)}\,T' = T_1,$$

équation qu'on pourra transformer en celle ci

$$\overset{a_1}{(\partial)}\,\overset{a_2}{(\partial)}x = T_1,$$

en posant

$$a_1 + a_2 = m' + n - \frac{\alpha\beta'}{\alpha'\beta}(m+n) = \frac{\alpha'\beta - \alpha\beta' + \alpha'b - \alpha b'}{\alpha'\beta}$$

$$a_1\,a_2 = m'n - \frac{\alpha\beta'}{\alpha'\beta}\,mn' = \frac{\alpha'b - \alpha b'}{\alpha'\beta}.$$

Les quantités a_1, a_2, pouvant être déterminées au moyen de ces dernières rélations, on les substituera ensuite dans l'expression suivante de x, donnée par la formule (18)

$$x = \frac{1}{a_2 - a_1}\left\{ e^{-a_1 t}\int T_1 e^{a_1 t}\,dt - e^{-a_2 t}\int T_1 e^{a_2 t}\,dt \right\},$$

où les deux constantes arbitraires sont implicitement comprises. Quant à la valeur de y, on l'obtiendra également en fonction de t, en substituant celle de x dans une des équations (57), ou bien en éliminant directement cette dernière variable, ainsi que nous venons de le faire à l'égard de y.

28. Passons aux équations du second ordre. Soit à intégrer le système d'équations à coefficiens variables

$$M y + N x + P \frac{dy}{dt} + Q \frac{dx}{dt} + R \frac{d^2y}{dt^2} + S \frac{d^2x}{dt^2} = T$$

$$M'y + N'x + P'\frac{dy}{dt} + Q'\frac{dx}{dt} + R'\frac{d^2y}{dt^2} + S'\frac{d^2x}{dt^2} = T'.$$

Eliminons d'abord l'un des coefficiens différentiels du second ordre; ces équations pourront alors être amenées à la forme

$$\frac{d^2y}{dt^2} + P_2\frac{dy}{dt} + Q_1\frac{dx}{dt} + M_1 y + N_1 x = T,$$

$$\frac{d^2x}{dt^2} + P_2\frac{dx}{dt} + Q_2\frac{dy}{dt} + M_2 x + N_2 y = T_2$$
$$\tag{58}$$

de sorte que nous n'aurons à traiter que ces dernières.

Supposons à cet effet qu'on ait intégré séparément, les deux équations du second ordre

$$\frac{d^2y}{dt^2} + P_2\frac{dy}{dt} + M_1 y = 0. \qquad \frac{d^2x}{dt^2} + P_2\frac{dx}{dt} + M_2 x = 0,$$

ou en d'autres termes, qu'on puisse les représenter par

$$\overset{p}{(\partial)}\,\overset{q}{(\partial)}\,y = 0, \qquad \overset{p'}{(\partial)}\,\overset{q'}{(\partial)}\,x = 0;$$

p, q, p', q', étant des fonctions de t.

Si l'on fait $N_1 = Q_1 n$, $N_2 = Q_2 n'$, les équations (58) pourront s'écrire ainsi qu'il suit.

$$\overset{p}{(\partial)}\,\overset{q}{(\partial)}\,y + Q_1\overset{n}{(\partial)}\,x = T,$$

$$\overset{p'}{(\partial)}\,\overset{q'}{(\partial)}\,x + Q_2\overset{n'}{(\partial)}\,y = T_2$$
$$\tag{59}$$

On tire dela seconde

$$\overset{m'}{(\partial)}\,\frac{1}{Q_2}\,\overset{p'}{(\partial)}\,\overset{q'}{(\partial)}\,x + \overset{m'}{(\partial)}\,\overset{n'}{(\partial)}\,y = \overset{m'}{(\partial)}\left(\frac{T_2}{Q_2}\right)$$

m' étant une fonction que nous déterminerons tout à l'heure. Si l'on soustrait de cette nouvelle équation, la première de celles (59), on aura

$$\overset{m'}{(\partial)}\,\frac{1}{Q_2}\,\overset{p'}{(\partial)}\,\overset{q'}{(\partial)}\,x - Q_1\overset{n}{(\partial)}\,x + \left[\overset{m'}{(\partial)}\,\overset{n'}{(\partial)} - \overset{p}{(\partial)}\,\overset{q}{(\partial)}\right]y = \overset{n'}{(\partial)}\left(\frac{T_2}{Q_2}\right) - T.$$

Prenant maintenant $m'=p+q-n'=P_1-n'$, et posant, pour simplifier

$$m'n'+\partial n'-pq-\partial q=m'n'+\partial n'-M_1=n'(P_1-n')+\partial n'-M_1$$

$$=(P_1-\frac{N_2}{Q_2})\frac{N_1}{Q_2}+\partial(\frac{N_1}{Q_2})-M_1=R,$$

$$\overset{m'}{(\partial)}(\frac{T_2}{Q_2})-T_1=RS,\quad Q_1=RV,$$

l'équation précédente se réduira à

$$\frac{1}{R}\overset{m'}{(\partial)}\frac{1}{Q_2}\overset{p'}{(\partial)}\overset{q'}{(\partial)}x-V\overset{n}{(\partial)}x+y=S;$$

d'où l'on déduit encore

$$\overset{n'}{(\partial)}\frac{1}{R}\overset{m'}{(\partial)}\frac{1}{Q_2}\overset{p'}{(\partial)}\overset{q'}{(\partial)}x-\overset{n'}{(\partial)}V\overset{n}{(\partial)}x+\overset{n'}{(\partial)}y=\overset{n'}{(\partial)}S.$$

Eliminant la fonction $\overset{n'}{(\partial)}y$ entre celle ci et la seconde des équations (59), on obtiendra la suivante

$$\overset{n'}{(\partial)}\frac{1}{R}\overset{m'}{(\partial)}\frac{1}{Q_2}\overset{q'}{(\partial)}\overset{p'}{(\partial)}x-\overset{n'}{(\partial)}V\overset{n}{(\partial)}x-\frac{1}{Q_2}\overset{p'}{(\partial)}\overset{q'}{(\partial)}x=\overset{n}{(\partial)}S-\frac{T_2}{Q_2}=V_1$$

qui, par le développement de son premier membre, conduira à une équation linéaire du quatrième ordre, dont l'intégration sera toujours possible, lorsqu'on connait trois ou quatre valeurs particulieres qui y satisfont dans l'hypothése de $V_1=0$. Quant à la fonction y, son expression en t pourra s'obtenir à l'aide dela seconde des équations (59).

N'ayant eu en vue que d'indiquer la marche générale de la solution du probléme dont il s'agit, nous ne nous arréterons pas à discuter ici les divers cas particuliers que les coefficiens variables pourraient présenter pour faciliter l'intégration de l'équation finale. Nous observerons seulement qu'en supposant ces coefficiens constans, les équations (59) fourniront celles ci

$$\overset{p'}{(\partial)}\overset{q'}{(\partial)}\overset{p}{(\partial)}\overset{q}{(\partial)}y+Q_1\overset{p'}{(\partial)}\overset{q'}{(\partial)}\overset{n}{(\partial)}x=\overset{p'}{(\partial)}\overset{q'}{(\partial)}T_1$$

$$\overset{n}{(\partial)}\overset{p'}{(\partial)}\overset{q'}{(\partial)}x+Q_2\overset{n}{(\partial)}\overset{n'}{(\partial)}y=\overset{n}{(\partial)}T_2;$$

d'où l'on tire immédiatement l'équation du quatrième ordre

$$\overset{p'}{(\partial)}\overset{q'}{(\partial)}\overset{p}{(\partial)}\overset{q}{(\partial)}y - Q_1 Q_2 \overset{n}{(\partial)}\overset{n'}{(\partial)}y = \overset{p'}{(\partial)}\overset{q'}{(\partial)}T_2 - Q_1 \overset{n}{(\partial)}T_2 = V,$$

qui revient évidemment à

$$(\partial^2+P_1\partial+M_1)(\partial^2+P_2\partial+M_2)y-(Q_1Q_2\partial^2+(N_1Q_2+N_2Q_1)\partial+N_1N_2)y=V;$$

en ayant égard aux rélations

$$p+q=P_1, \quad p'+q'=P_2, \quad pq=M_1, \quad p'q'=M_2, \quad n=\frac{N_1}{Q_1}, \quad n'=\frac{N_2}{Q_2},$$

ou bien, en développant le premier membre, on trouvera

$$\{\partial^4 + (P_1+P_2)\partial^3 + (M_1+M_2+P_1P_2-Q_1Q_2)\partial^2$$
$$+ (P_1M_2+P_2M_1-N_1Q_2-N_2Q_1)\partial + (M_1M_2-N_1N_2)\}y = V$$

équation que l'on traitera d'après le procédé général d'intégration exposé au n.° 11.

Par la méthode ordinaire le problème est réduit à l'intégration d'un système de deux équations du premier ordre à cinq variables; complication qui peut être évitée, ainsi qu'on vient de le voir.

Quelque soit le nombre de variables qui entrent dans les équations simultanées, si les coefficiens sont des constantes, on s'assurera aisément qu'il n'y a aucune difficulté à parvenir par notre procédé à l'équation finale qui restera à intégrer.

CHAPITRE II.

DE L'INTÉGRATION DES ÉQUATIONS LINÉAIRES AUX DIFFÉRENCES FINIES.

29. La méthode d'intégration qui a fait l'objet du chapitre précédent peut s'appliquer avec le même succès aux équations aux différences finies, et nous conduira d'une manière assez simple aux résultats remarquables obtenus par *Laplace* et *Lagrange* sur cette partie de l'analyse. Mais, pour ne pas étendre inutilement le présent chapitre, nous allons traiter immédiatement l'équation générale de l'ordre n, à coefficiens constans, d'où il sera facile de déduire ensuite les formules qui se rapportent aux divers cas particuliers.

Soit donc à intégrer l'équation générale

$$y_{x+n} + A y_{x+n-1} + B y_{x+n-2} \dots + M y_x = V. \tag{1}$$

Si l'on y remplace chaque terme y_{x+k} par son équivalent $E^k y_x$, conformément à notre notation caractéristique, et qu'on écrive simplement y au lieu de y_x, la proposée pourra être representée sous la forme

$$[E^n + A E^{n-1} \dots + M] y = V.$$

Or, en désignant par a_1, $a_2 \dots a_n$ les n racines de l'équation caractéristique

$$E^n + A E^{n-1} \dots + M = 0,$$

l'équation (1) pourra encore s'énoncer ainsi:

$$[(E-a_1)(E-a_2)(E-a_3) \dots (E-a_n)] y = V \tag{2}$$

et indiquera sous cette nouvelle forme une suite de n opérations semblables à effectuer sur la fonction y et ses derivées successives. Chacune de ces opérations aura pour caractéristique $E-a$, que nous designerons par $(\overset{a}{E})$, et dont l'inverse pourra être indiquée par $(\overset{a}{E'})$, en faisant E^{-1} ou $\frac{1}{E} = E'$.

Cela posé, il est évident qu'on déduira de l'équation (2) par un procédé absolument analogue à celui développé au n.° 11, l'expression

$$y = A_{,}(\overset{a}{E'})V + A_{,}(\overset{a_2}{E'})V \ldots + A_n(\overset{a_n}{E'}), \qquad (3)$$

pour exprimer l'intégrale de l'équation

$$(\overset{a_1}{E})(\overset{a_2}{E}) \ldots (\overset{a_n}{E})y = V,$$

qui n'est qu'une transformation dela proposée; les coefficiens A_1, A_2, etc., ayant les mêmes valeurs que celles obtenues à l'endroit cité. Il ne s'agit maintenant que d'indiquer le moyen d'évaluer chaque terme $(\overset{a}{E})V$, V étant donné en fonction dela variable x; c'est de quoi nous allons nous occuper.

30. A cet effet, considérons d'abord l'équation du premier ordre

$$(\overset{a}{E})y = (E - a)y = y_{x+1} - ay_x = 0,$$

on en tire aisément l'intégrale

$$y_x = Ca^x = (\overset{a}{E'})0,$$

c'est la fonction qui satisfera à l'équation $(\overset{a}{E})y = 0$.

Donc, en supposant $V = 0$, la formule (3) se réduira à l'expression

$$y_x = C_{,}a_1^x + C_{,}a_2^x \ldots + C_n a_n^x,$$

où chaque terme indique une valeur particulière de l'intégrale de l'équation

$$y_{x+n} + Ay_{x+n-1} + By_{x+n-2} \ldots + My_x = 0. \qquad (4)$$

Cette dernière équation peut être regardée comme énonçant l'échelle de rélation d'une série récurrente. Si l'on veut exprimer alors les n constantes C_1, C_2 .... C_n, comprises dans la valeur de y_x, en fonction des n premiers termes arbitraires dela série, on y parviendra facilement dela manière suivante.

L'équation (4) donne pour une de ses intégrales premiéres

$$(\overset{a_1}{E})\,(\overset{a_2}{E})\,\ldots\,(\overset{an}{E})y_x = c_1 a_1^x$$

ou bien, en développant le produit des $n-1$ caractéristiques,

$$[E^{n-1} + A'E^{n-2} + B'E^{n-3}\,\ldots + M']y_x = c_1 a_1^x; \qquad (5)$$

les coefficiens A', B', etc., étant liés avec ceux de l'équation donnée par les rélations

$$A' - a_1 = A. \quad B' - a_1 A' = B. \quad C' - a_2 B' = C, \text{ etc.}$$

Si maintenant on suppose $x = 0$ dans l'équation précédente, on en déduit immédiatement pour la valeur dela constante

$$c_1 = y_{n-1} + A'y_{n-2} + B'y_{n-3}\,\ldots + M'y_0.$$

Or, l'équation (5) doit être également verifiée par la valeur particuliere $y_x = C_1 a_1^x$; il en résultera ainsi, après avoir divisé par a_1^x

$$C_1(a_1^{n-1} + A'a_1^{n-2} + B'a_1^{n-3}\,\ldots + M') = c_1$$

Et puisque dans l'hypothèse de $x = 0$, les deux valeurs de c_1 deviendront identiques, on aura sur le champ

$$C_1 = \frac{y_{n-1} + A'y_{n-2} + B'y_{n-3}\,\ldots + M}{a_1^{n-1} + A'a_1^{n-2} + B'a_1^{n-3}\,\ldots + M}.$$

On obtiendra évidemment des expressions analogues pour les $n-1$ autres constantes C_2, C_3 .... C_n, en changeant seulement a_1 en a_2, a_3 etc. Les résultats que nous venons de trouver s'accordent parfaitement avec ceux rapportés dans l'ouvrage de M. *Lacroix* (Tom. III. pag. 204), mais obtenus par une voie moins simple que la précédente.

31. Lorsque toutes les racines a sont égales entre elles, l'équation (4) prendra la forme simplifiée

$$\overset{a}{(E)}{}^{n}y = 0.$$

Pour parvenir dans ce cas à la valeur complète de l'intégrale, qui doit toujours renfermer un nombre n de constantes arbitraires, considérons l'équation

$$y_x = a^x X,$$

X étant une fonction quelconque de x. On en tire celle ci

$$y_{x+1} = a^{x+1} (X + \Delta X),$$

donc

$$\overset{a}{(E)}y_x = a^{x+1} \Delta X, \qquad\qquad (5)$$

et en continuant dela même manière, on trouvera

$$\overset{a}{(E)}{}^{2}y_x = a^{x+2} \Delta^2 X$$

$$\cdot \quad \cdot \quad \cdot \quad \cdot \quad \cdot \quad \cdot \quad \cdot$$

$$\overset{a}{(E)}{}^{n}y_x = a^{x+n} \Delta^n X. \qquad\qquad (6)$$

Donc, pour que l'équation

$$\overset{a}{(E)}{}^{n}y_x = 0,$$

soit satisfaite, on n'aura qu'à prendre la fonction X telle qu'il en résulte $\Delta^n X = 0$, ce qui exige que

$$X = \alpha x^{n-1} + \beta x^{n-2} \ldots + \lambda x + \mu.$$

Ce résultat nous donne sur le champ pour la valeur complète de l'intégrale dont il s'agit,

$$y_x = a^x \{ C + C_1 x + C_2 x^2 \ldots + C_{n-1} x^{n-1} \}.$$

8

S'il n'y a qu'un nombre m de racines égales à a, la proposée prenant alors la forme

$$\overset{a}{(E)}{}^m\,\overset{a_1}{(E)}\,\overset{a_2}{(E)}\,\ldots\,\overset{a_r}{(E)}y_x = 0 ,$$

donnera pour son intégrale complète

$$y_x = C_1 a_1^x + C_2 a_2^x \ldots + C_r a_r^x + a^x\left(c + c_1 x + c_2 x^2 \ldots + c_{m-1} x^{m-1}\right) ;$$

r étant égal à $n-m$.

Lorsque l'équation caractéristique renferme deux racines imaginaires $\alpha + \beta\sqrt{-1}$, $\alpha - \beta\sqrt{-1}$, les termes $C_1 a_1^x$, $C_2 a_2^x$ qui s'y rapportent, devront être remplacés par $C_1(\alpha + \beta\sqrt{-1})^x$, $C_2(\alpha - \beta\sqrt{-1})^x$, dont la somme sera équivalente à

$$\gamma^x\left(C'\sin mx + C''\cos mx\right) ,$$

en faisant $\qquad \alpha^2 + \beta^2 = \gamma^2$, $\sin m = \dfrac{\beta}{\gamma}$, $\cos m = \dfrac{\alpha}{\gamma}$,

$$C_1 + C_2 = C'', \quad (C_1 - C_2)\sqrt{-1} = C' ;$$

et on agira de même pour chaque couple de racines imaginaires.

32. Il résulte dela formule (6), en y prenant n négatif,

$$\overset{a}{(E)}{}^{-n}y = \overset{a}{(E')}{}^{n}y = a^{x-n}\,\Sigma^n X.$$

Soit $X = \dfrac{V}{a^x}$, on obtiendra à cause de $y = a^x X$, la formule générale

$$\overset{a}{(E')}{}^{n}\,V = a^{x-n}\,\Sigma^n\left(\dfrac{V}{a^x}\right) ; \qquad\qquad (7)$$

expression qui renferme nécessairement n constantes arbitraires.

Dans le cas de $n = 1$, il viendra

$$\overset{a}{(E')}V = a^{x-1}\,\Sigma\,\dfrac{V}{a^x} = a^x\,\Sigma\,\dfrac{V}{a^{x+1}}.$$

En appliquant cette expression à chacun des termes qui composent la valeur générale de y, donnée par la formule (3), celle ci se changera en

$$y = \mathrm{A}^1\, a_2^x \Sigma \frac{\mathrm{V}}{a_1{}^{x+1}} + \mathrm{A}_2\, a_3^x \Sigma \frac{\mathrm{V}}{a_3{}^{x+1}} + \text{etc.} \qquad (8)$$

Elle représentera l'intégrale particulière ou complète de l'équation (1) ou (2), selon qu'on négligera ou non les constantes arbitraires provenant des intégrations indiquées par le signe Σ. Dans ce dernier cas la valeur complète de y sera égale à la valeur particuliere augmentée dela fonction

$$\mathrm{C}_1\, a_1^x + \mathrm{C}_2\, a_2^x \ldots + \mathrm{C}_n\, a_n^x,$$

qui forme précisément l'intégrale complète dela proposée degagée du terme V. On remarquera encore que cette valeur complète, telle qu'elle est énoncée par la formule (8), se trouve égale à la somme des produits de chaque intégrale particulière de l'équation (4) multipliée par une fonction de x; ce qui établit une parfaite analogie entre les propriétés des intégrales des équations linéaires aux différences finies, et celles aux différentielles.

L'équation générale

$$\overset{a_1}{(E)}\,\overset{a_2}{(E)} \ldots \overset{an}{(E)} y = \mathrm{V},$$

étant integrée d'abord par rapport à la caractéristique $\overset{a_1}{(E)}$, donnera

$$\overset{a_2}{(E)}\,\overset{a_3}{(E)} \ldots \overset{an}{(E)} y = \overset{a_1}{(E)}\mathrm{V} = a_1^x \Sigma \frac{\mathrm{V}}{a_1{}^{x+1}} = \mathrm{V}'.$$

Si l'on continue les intégrations semblables, il viendra pour la seconde

$$\overset{a_3}{(E)} \ldots \overset{an}{(E)} y = \overset{a_2}{(E)}\mathrm{V}' = a_2^x \Sigma \frac{\mathrm{V}'}{a_2{}^{x+1}}$$

$$= a_2^{x-1} \Sigma \left(\frac{a_1}{a_2}\right)^x \Sigma \frac{\mathrm{V}}{a_1{}^{x+1}}$$

et finalement

$$y = a_n^{x-1} \Sigma \left(\frac{a_{n-1}}{a_n}\right)^x \ldots \Sigma \left(\frac{a_1}{a_2}\right)^x \Sigma \frac{\mathrm{V}}{a_1{}^{x+1}}; \qquad (9)$$

formule dans la quelle le premier signe intégral embrasse tous ceux qui le suivent, et qui est encore analogue à celle trouvée au n.° 12 pour les équations différentielles.

En effectuant l'intégration par parties, à l'aide de l'équation

$$\Sigma.\, a^x \Sigma\, P = \frac{a^x \Sigma P - \Sigma P a^{x+1}}{a-1}$$

on retrouvera l'expression générale (8).

Dans le cas de m racines égales à a, la formule (9) deviendra

$$y = a^{x-1} \Sigma \left(\frac{a_{r-1}}{a_r}\right)^x \dots \Sigma^m \frac{V}{a^{x+1}};$$

valeur à compléter par la fonction

$$C_1 a_1^x + C_2 a^x \dots + C_r a_r^x + a^x \{c + c_1 x + c_2 x^2 \dots + c_{m-1} x^{m-1}\}.$$

Toutes les fois que la quantité V sera une fonction algébrique, ration_nelle et entière de x, l'intégrale y pourra se développer en un nombre fini de termes.

En effet, prenons d'abord l'équation du premier ordre

$$(\overset{a}{E})y = V,$$

d'où
$$y = a^{x-1} \Sigma \frac{V}{a^x}.$$

Or, puisque $\quad \Sigma V a^{-x} = \frac{1}{a-1}\left\{V a^{-x} - \Sigma\, a^{1-x} \Delta V\right\},$

on en déduira

$$\Sigma\, a^{1-x} \Delta V = \frac{1}{a-1}\left\{a^{1-x} \Delta V - \Sigma a^{2-x} \Delta^2 V\right\}.$$

En continuant ces intégrations, on parviendra facilement à la série

$$\Sigma \frac{V}{a^x} = \frac{1}{a-1}\left\{\frac{V}{a^x} - \frac{1}{a-1}\frac{\Delta V}{a^{x-1}} + \frac{1}{(a-1)^2}\frac{\Delta^2 V}{a^{x-2}} \dots \pm \frac{1}{(a-1)^n}\Sigma \frac{\Delta^n V}{a^{x-n}}\right\}$$

dont le dernier terme se réduira à une constante dans l'hypothèse de $V = a + \beta x + \gamma x^2 \dots + \mu x^{n-1}$, qui donne $\Delta^n V = 0.$

Si l'on remplace chaque intégrale qui entre dans la formule (3) par la série précédente, la valeur de y prendra la forme suivante

$$y = CV + C_1\Delta V + C_2\Delta^2 V \ldots + C_{n-1}\Delta^{n-1}V$$
$$+ c_1 a^x + c_2 a_2^x \ldots c_n a_n^x$$

où les quantités ΔV, $\Delta^2 V$ etc. pourront aussi être remplacées par leurs valeurs en fonctions des coefficiens différentiels des divers ordres. Il est facile de voir que l'intégrale particulière y sera alors de la même forme que la fonction V.

33. Si l'on avait à intégrer l'équation générale

$$\Delta^n y_x + A\Delta^{n-1} y_x + B\Delta^{n-2}y_x \ldots + M y_x = V, \qquad (10)$$

on pourrait la ramener à celle déjà traitée ci-dessus

$$y_{x+n} + A'y_{x+n-1} \ldots + M'y_x = V,$$

en y substituant $E-1$ à Δ, au moyen du procédé de *Budan*, tel qu'il a été indiqué au n.° 16 de notre mémoire sur la théorie des caractéristiques. Mais on peut aussi éviter une semblable transformation, et appliquer directement à la proposée une méthode d'intégration analogue à la précédente.

Pour cela, décomposons la fonction caractéristique

$$\Delta^n + A\Delta^{n-1} + B\Delta^{n-2} \ldots + M,$$

en ses n facteurs binomes $\Delta + a_1$, $\Delta + a_2 \ldots A + a_n$; désignons chaque facteur caractéristique $\Delta + a$ par $\overset{a}{\Delta}$, et son inverse par $\overset{a}{\Sigma}$; l'équation (10) étant identique alors avec celle ci

$$(\overset{a_1}{\Delta})(\overset{a_2}{\Delta}) \ldots (\overset{a_n}{\Delta})y_x = V,$$

il est évident qu'en imitant encore ici le procédé du n.° 11, on en tirera immédiatement

$$y_x = A_1(\overset{a_1}{\Sigma})V + A_2(\overset{a_2}{\Sigma})V \ldots + A_n(\overset{a_n}{\Sigma})V. \qquad (11)$$

Quant à la valeur de chaque terme $(\overset{a}{\Sigma})V$, on a d'abord, en intégrant l'équation

$$(\overset{a}{\Delta})y_x = ay_x + \Delta y_x = 0,$$

qui revient à
$$y_{x+1} + (a-1)y_x = 0,$$

$$y_x = C(a-1)^x = C\alpha^x,$$

en posant $1 - a = \alpha$. Soit maintenant

$$y_x = \alpha^x X;$$

on en dérivera
$$(\overset{a}{\Delta})y_x = \alpha^{x+1}\Delta X,$$

et en général
$$(\overset{a}{\Delta})^n y_x = \alpha^{x+n}\Delta^n X$$

$$(\overset{a}{\Sigma})^n y_x = \alpha^{x-n}\Sigma^n X$$

Soit $x = \dfrac{V}{\alpha^x}$, on aura en vertu dela dernière formule

$$(\overset{a}{\Sigma})V = \alpha^{x-1}\Sigma\,\frac{V}{\alpha^x} = \alpha^x\Sigma\,\frac{V}{\alpha^{x+1}}$$

ce qui change l'expression (11) en celle ci

$$y_x = A(1-a_1)^x\Sigma\,\frac{V}{(1-a_1)^{x+1}} + A_2(1-a_2)^x\Sigma\,\frac{V}{(1-a_2)^{x+1}} + \text{etc.;}\ (12)$$

résultat qu'on aurait pu conclure encore de la formule (8) par le changement de a en $1-a$, en observant que $(\overset{a}{\Delta})y = (\overset{1-a}{E})y$.

L'hypothèse de $V = 0$, réduit l'intégrale précédente à

$$y_x = C_1(1-a_1)^x + C_2(1-a_2)^x + \text{etc.} \qquad (13)$$

L'équation $(\overset{a}{\Delta})^n y_x = 0$, représentant le cas d'égalité des n facteurs caractéristiques, sera évidemment satisfaite en prenant $\Delta^n X = 0$, c'est-à-dire par la fonction

$$y_x = (1-a)^x \{ C + C_1 x + C_2 x^2 \dots + C_{n-1} x^{n-1} \}$$

qui en sera l'intégrale complète.

Tout ce qui a été remarqué ci-dessus rélativement à l'intégration de l'équation (2), devient également applicable à celle de l'équation en Δ; c'est pourquoi nous croyons inutile d'entrer dans plus de détails à ce sujet. Il nous suffira d'avoir indiqué un procédé direct pour parvenir à l'intégrale de cette dernière équation.

34. Nous allons traiter actuellement les équations dont les coefficiens des divers termes sont des fonctions dela variable x.

En commençant par le premier ordre, il s'agira d'intégrer celle ci

$$y_{x+1} - P_x y_x = V,$$

qui prendra la forme

$$(E - P_x) y_x = V;$$

ou bien, si l'on dénote la caractéristique $E - P_x$ par $\overset{P}{E}$, et celle de l'opération inverse par $\overset{P}{E'}$, elle deviendra

$$(\overset{P}{E}) y_x = V,$$

d'où l'on déduit

$$y_x = (\overset{P}{E'}) V.$$

Pour obtenir l'expression de cette intégrale, considérons d'abord l'équation

$$y_{x+1} - P_x y_x = 0,$$

on s'assurera sans peine, en y faisant successivement $x = 0, 1, 2$, etc., qu'elle sera satisfaite par

$$y_x = C . P_0 . P_1 \dots P_{x-1} = C [P_{x-1}^x]$$

conformément à la notation factorielle.

Soit à présent

$$y_x = [\mathrm{P}^x_{x-1}]\mathrm{X},$$

X étant toujours une fonction de x; on en déduira

$$y_{x+1} = [\mathrm{P}^{x+1}_x]\,(\mathrm{X} + \Delta\mathrm{X});$$

donc $\qquad\qquad (\overset{\mathrm{P}}{E})y_x = y_{x+1} - \mathrm{P}_x y_x = [\mathrm{P}^{x+1}_x]\Delta\mathrm{X},$

partant $\qquad\qquad (\overset{\mathrm{P}}{E})'y_x = [\mathrm{P}^{x+2}_{x+1}]\Delta^2\mathrm{X},$

et en général $\qquad (\overset{\mathrm{P}}{E})^n y_x = [\mathrm{P}^{x+n}_{x+n-1}]\Delta^n\mathrm{X} \qquad\qquad (14)$

$$(\overset{\mathrm{P}}{E'})^n y_x = [\mathrm{P}^{x-n}_{x-n-1}]\Sigma^n\mathrm{X} \qquad\qquad (15)$$

ou bien, en écrivant $x+n$ au lieu de x

$$(\overset{\mathrm{P}}{E'})^n y_{x+n} = [\mathrm{P}^x_{x-1}]\Sigma^n\mathrm{X},$$

c'est-à-dire $\qquad (\overset{\mathrm{P}}{E'})^n\,[\mathrm{P}^{x+n}_{x+n-1}]\mathrm{X} = [\mathrm{P}^x_{x-1}]\Sigma^n\mathrm{X}. \qquad (16)$

Si l'on y fait $n=1$, cette dernière formule donnera, en mettant $\mathrm{X}=\dfrac{\mathrm{V}}{[\mathrm{P}^{x+1}_x]}$

$$y_x = (\overset{\mathrm{P}}{E'})\mathrm{V} = [\mathrm{P}^x_{x-1}]\Sigma\,\dfrac{\mathrm{V}}{[\mathrm{P}^{x+1}_x]} \qquad\qquad (17)$$

En supposant P égale à une constante, on retombe sur la valeur déjà trouvée

$$y_x = a^{x-1}\Sigma\,\dfrac{\mathrm{V}}{a^x}.$$

Soit $\mathrm{P}_x = a^x$, on aura $[\mathrm{P}^x_{x-1}] = a^{\frac{x}{2}(x-1)}$; donc l'équation

$$y_{x+1} - a^x y_x = \mathrm{V},$$

aura pour intégrale $\qquad y_x = a^{\frac{x.\,x-1}{2}} \Sigma\, V a^{-\frac{x.\,x+1}{2}}.$

35. Passons aux équations du second ordre dont la forme générale est

$$y_{x+2} + R y_{x+1} + S y_x = V.$$

L'application de notre méthode indiquera de suite la difficulté qui s'oppose à l'intégration complète de cette équation. En effet, supposons que la caractéristique de son premier membre soit décomposable en deux facteurs du premier degré $E - P'_x$, $E - P_x$, de sorte que la proposée puisse être énoncée sous la forme simplifiée

$$(E - P'_x)\,(E - P_x) y_x = (\overset{P'}{E})(\overset{P}{E}) y_x = V. \qquad (18)$$

Cela posé, une première intégration nous donnera, en vertu dela formule (17)

$$(\overset{P}{E}) y_x = [P'^x_{x-1}] \Sigma \frac{V}{[P'^{x+1}_x]} = V'.$$

Intégrant une seconde fois, il viendra

$$y_x = [P^x_{x-1}] \Sigma \frac{V'}{[P^{x+1}_x]} = [P^x_{x-1}] \Sigma \frac{[P'^x_{x-1}]}{[P^{x+1}_x]} \Sigma \frac{V}{[P'^{x+1}_x]}; \qquad (19)$$

valeur qui renferme deux constantes arbitraires.

Si, pour abréger, on fait $\frac{P'_{x-1}}{P_x} = Q_x$, cette intégrale se changera en

$$y_x = [P^{x-1}_{x-1}] \Sigma [Q^x_x] \Sigma \frac{V}{[P'^{x+1}_x]}, \qquad (20)$$

expression qui pourra se décomposer en deux autres intégrales, ainsi qu'on va le voir. La formule connue

$$\Sigma\, pq = q \Sigma p - \Sigma\, (\Delta q \Sigma p,),$$

donne, en y écrivant Σq à la place de q,

$$\Sigma(p\Sigma q) = \Sigma p \times \Sigma q - \Sigma(q\Sigma p_,).$$

Si l'on applique cette formule à la valeur de y_x, que nous venons d'obtenir, il en résultera la suivante

$$y_x = [\mathrm{P}_{x-1}^{x-1}]\left\{\Sigma[\mathrm{Q}_x^x] \times \Sigma \frac{\mathrm{V}}{[\mathrm{P}'^{x+1}_x]} - \Sigma\left(\frac{\mathrm{V}\Sigma[\mathrm{Q}_{x+1}^{x+1}]}{[\mathrm{P}'^{x+1}_x]}\right)\right\}. \qquad (21)$$

Dans le cas de $\mathrm{V}=0$, on aura simplement l'expression

$$y_x = \mathrm{C}\,[\mathrm{P}_{x-1}^x] + \mathrm{C}'\,[\mathrm{P}_{x-1}^x]\,\Sigma\,[\mathrm{Q}_r^r],$$

dont chaque terme indique une valeur particulière de l'intégrale qui se rapporte à ce cas. Elle sert en même tems à compléter la valeur de y_x, donnée par une des formules (20) ou (21). On remarquera aussi que cette valeur est formée de la somme des produits de chacune des intégrales particulières qui repondent à $\mathrm{V}=0$, multipliée par une fonction de x; propriété analogue à celle qui s'est présentée sous ce rapport dans les équations différentielles du second ordre.

Cherchons à present les rélations qui doivent avoir lieu pour pouvoir effectuer la décomposition caractéristique que nous avons admise ici.

En posant l'équation

$$z_x = y_{x+1} - \mathrm{P}_x y_x = (\overset{\mathrm{P}}{E})y_x,$$

on en tirera

$$z_{x+1} = y_{x+2} - \mathrm{P}_{x+1}\,y_{x+1};$$

donc

$$z_{x+1} - \mathrm{P}'_x z_x = (\overset{\mathrm{P}'}{E})z_x = (\overset{\mathrm{P}'}{E})(\overset{\mathrm{P}}{E})y_x$$

$$= y_{x+2} - (\mathrm{P}_{x+1} + \mathrm{P}'_x)y_{x+1} + \mathrm{P}_x\mathrm{P}'_x y_x = \mathrm{V}.$$

La comparaison des termes de cette dernière équation à ceux de la proposée, fournit immédiatement les rélations

$$\mathrm{P}_{x+1} + \mathrm{P}'_x = -\mathrm{R}. \qquad \mathrm{P}_x\mathrm{P}'_x = \mathrm{S}; \qquad (22)$$

d'où il s'agit de déduire les valeurs de P_x et P'_x en fonction de x, ce qui reviendra à intégrer l'équation du premier ordre et du second degré

$$P_x (P_{x+1} + R) = - S ; \qquad (23)$$

intégration qui ne parait pas possible en général dans l'état actuel de l'analyse. Toutefois, ces deux rélations offriront le moyen de déterminer *à priori* plusieurs cas d'intégrabilité, en attribuant diverses valeurs à la fonction P_x.

Dans le cas particulier de $R = o$, on aurait à intégrer l'équation plus simple $P_x P_{x+1} = - S$, ce qui pourra s'effectuer facilement, en mettant $P_x = e^{z_x}$, $S = -e^{X}$; on obtiendra alors l'équation

$$z_{x+1} + z_x = (\overset{1}{E}) z_x = X ;$$

dont l'intégrale est

$$z_x = (-1)^{x-1} \Sigma X (-1)^x, \qquad (24)$$

d'après ce qui a été trouvé au n.° 32.

Si la fonction X est de nature à faire évanouir la différence $\Delta^n X$, la valeur précédente de z_x pourra s'exprimer par la série

$$z_x = \tfrac{1}{2} \left\{ X - \tfrac{1}{2} \Delta X + \tfrac{1}{4} \Delta^2 X \dots \pm \frac{1}{2^{n-1}} \Delta^{n-1} X \right\} + C (-1)^x.$$

Quant à la valeur de y_x, la formule (21) fournira dans le cas actuel, à cause de

$$P'_x = - P_{x+1}; \; Q_x = \frac{P'_{x-1}}{P_x} = -1, \text{ d'où résulte } \Sigma [Q_x^x] = \Sigma (-1)^x = \tfrac{1}{2} (-1)^{x-1},$$

$$y_x = [P_{x-1}^{x-1}] \left\{ \tfrac{1}{2} (-1)^{x-1} \Sigma \frac{(-1)^{x-1} V}{[P_{x+1}^{x+1}]} - \tfrac{1}{2} \Sigma \frac{V}{[P_{x+1}^{x+1}]} \right\}$$

ou bien, en faisant $V = - ST = P_x P_{x+1} T$

$$y_x = \tfrac{1}{2} [P_{x-1}^{x-1}] \left\{ (-1)^{x-1} \Sigma \frac{T(-1)^{x-1}}{[P_{x-1}^{x-1}]} - \Sigma \frac{T}{[P_{x-1}^{x-1}]} \right\}$$

pour l'intégrale de l'équation

$$y_{x+2} + S y_2 = V.$$

Le produit $[P_{x-1}^{x-1}]$ sera équivalent à $e^{\Sigma z_x}$; et puisqu'on a $z_x + z_{x+1} = X$, ou $z_x = \dfrac{X - \Delta z_x}{2}$, il viendra $[P_{x-1}^{x-1}] = e^{\frac{1}{2}(\Sigma X - z_x)}$; expression où il faudra substituer à z_x, sa valeur donnée par la formule (24).

L'hypothèse de $V = 0$, réduit l'intégrale précédente à

$$y_x = [P_{x-1}^{x-1}]\{C + C_1(-1)^{x-1}\}.$$

36. La difficulté que nous avons signalée ci-dessus en traitant l'équation

$$y_{x+2} + R y_{x+1} + S y_x = V,$$

disparait chaque fois que l'on connaisse une valeur particulière y'_x de l'intégrale, lorsque $V = 0$. En supposant alors $y'_x = [P_{x-1}^x]$, on en conclut sur le champ

$$P_x = \frac{y'_{x+1}}{y'_x}. \qquad P_x = \frac{y'_x}{y'_{x+1}}\,S. \qquad Q_x = \frac{P'_{x-1}}{P_x} = \frac{y'_{x-1}}{y'_{x+1}}\,S_{-1};$$

S_{-1} désignant la valeur que prend la fonction S par le changement de x en $x - 1$. Il ne restera ainsi qu'à substituer ces valeurs dans la formule (21).

Pour que la proposée puisse prendre la forme

$$(E - P_x)' y_x = (\overset{P}{E})' y_x = V,$$

les coefficiens R, S doivent être liés entre eux par la rélation

$$\nu\,S + \nu\,S_1 + R = 0,$$

ainsi que cela résulte des équations (22). On aura de plus $P_x = \nu\,S$, et l'intégrale aura pour expression

$$y^x = (\overset{P}{E}')'\,V = [P_{x-1}^x]\,\Sigma^1\frac{V}{[P_{x+1}^{x+2}]} \tag{25}$$

en vertu dela formule générale (16). Cette intégrale devra être complétée par la fonction $\{C + C_,x\}\,[P^x_{x-1}]$, qui vérifie l'équation $\overset{P}{(E)}{}'y_x = 0$.

37. L'équation du troisième ordre

$$y_{x+3} + Qy_{x+2} + Ry_{x+1} + Sy_x = V,$$

qui revient à celle ci

$$[E^3 + QE^2 + RE + S]y_x = V,$$

pourrait être abaissée d'un ordre, s'il était toujours possible de remplacer la caractéristique de son premier membre, par une autre de la forme

$$(E - P_x)\,(E^2 - M_x E + N_x)\,;$$

d'où l'on déduirait immédiatément

$$y_{x+2} - M_x y_{x+1} + N_x y_x = [P^x_{x-1}]\, \Sigma\, \frac{V}{[P^{x+1}_x]}.$$

Désignons par z_x cette première intégrale; on tire delà

$$\overset{P}{(E)}z_x = z_{x+1} - P_x z_x = y_{x+3} - (P_x + M_{x+1})y_{x+2} + (N_{x+1} + P_x M_x)y_{x+1} - P_x N_x y_x$$

En comparant les coefficiens de cette dernière équation à ceux de la proposée, on aura

$$P_x + M_{x+1} = -Q. \quad N_{x+1} + P_x M_x = R. \quad P_x N_x = -S; \quad (26)$$

rélations qui devront servir à déterminer les fonctions inconnues P_x, M_x, N_x. A cet effet multiplions la seconde par P_{x+1}, elle deviendra , en vertu de la troisième

$$M_x P_x P_{x+1} - S_1 = RP_{x+1};$$

d'où
$$M_{x+1}P_{x+1}P_{x+2} - S_2 = R_1 P_{x+2}.$$

Or , la première des trois équations (26) donnant

$$P_x P_{x+1}P_{x+2} + M_{x+1}P_{x+1}P_{x+2} + QP_{x+1}P_{x+2} = 0,$$

il viendra, en la combinant avec la précédente,

$$P_x P_{x+1} P_{x+2} + Q P_{x+1} P_{x+2} + R_1 P_{x+2} = - S_2;$$

équation du troisième ordre et du troisième degré, qui est évidemment plus difficile à traiter que la proposée elle-même; d'où l'on voit comment les difficultés d'intégration augmentent avec l'ordre des équations.

Mais si l'on connait deux ou trois valeurs particulières de l'intégrale qui repond à l'hypothèse de $V = o$, la valeur complète de y_x pourra se déterminer ainsi qu'il suit.

Admettons que la proposée puisse être mise sous la forme simplifiée :

$$\overset{P''}{(E)}\,\overset{P'}{(E)}\,\overset{P}{(E)} y_x = V.$$

L'intégration conduira successivement à

$$\overset{P'}{(E)}\overset{P}{(E)} y_x = [P''^x_{x-1}] \,\Sigma\, \frac{V}{[P''^{x+1}_x]}$$

$$\overset{P}{(E)} y_x = [P'^{x-1}_{x-1}] \,\Sigma\, [Q''^x_x] \,\Sigma\, \frac{V}{[P'^{x-1-1}_x]} = V';$$

Q''_x étant égal au rapport $\dfrac{P''_{x-1}}{P'_x}$.

$$y_x = [P^x_{x-1}] \,\Sigma\, \frac{V'}{[P^{x+1}_x]} = [P^{x-2}_{x-1}] \,\Sigma\, \frac{V'}{[P^{x-1}_x]}$$

$$= [P^{x-2}_{x-1}] \,\Sigma\, [Q'^{x-1}_x] \,\Sigma\, [Q''^x_x] \,\Sigma\, \frac{V}{[P''^{x+1}_x]} \tag{27}$$

en faisant $Q'_x = \dfrac{P'_{x-1}}{P_x}$; expression où le premier signe intégral embrasse ceux qui le suivent, et qui devra être complétée par la fonction

$$[P^{x-2}_{x-1}] \left\{ C + C' \,\Sigma\, [Q'^{x-1}_x] + C'' \,\Sigma\, [Q'^{x-1}_x] \,\Sigma\, [Q''^x_x] \right\}$$

Soient maintenant

$$y'_x = [P^{x-2}_{x-1}]. \quad y''_x = [P^{x-2}_{x-1}] \Sigma [Q'^{x-1}_x]. \quad y'''_x = [P^{x-2}_{x-1}] \Sigma [Q'^{x-1}_x] \Sigma [Q''^{x}_x]$$

les trois valeurs particulières dont il s'agit. La première fournira de de suite $P_x = \dfrac{y'_{x+1}}{y'_x}$. La seconde donne d'abord $\Sigma [Q'^{x-1}_x] = \dfrac{y''_x}{y'_x} = z_x$; donc $[Q'^{x-1}_x] = \Delta z_x$. On tire ensuite de la troisième

$$[Q'^{x-1}_x] \Sigma [Q''^{x}_x] = \Delta \left(\frac{y'''_x}{y'_x}\right) = z'_x;$$

donc
$$\Sigma [Q''^{x}_x] = \frac{z'_x}{\Delta z_x} = z''_x \quad [Q''^{x}_x] = \Delta z''_x.$$

Or, il résulte des valeurs de Q'_x, Q''_x, la rélation

$$P''_x = P_{x+2} Q'_{x+2} Q''_{x+1};$$

d'où il suit
$$[P''^{x-1}_x] = [P^{x+1}_{x+2}] [Q'^{x+1}_{x+2}] [Q''^{x+1}_{x+1}]$$
$$= y'_{x+3} \Delta z_{x+2} \Delta z''_{x+1}.$$

En substituant cette valeur de $[P''^{x+1}_x]$ ainsi que celles de $[Q''_x]$, $[Q'_x^{x-1}]$ indiquées ci-dessus, dans la formule (27), on pourra exprimer l'intégrale y_x en fonction de V et des trois valeurs particulières y'_x, y''_x, y'''_x qui se rapportent au cas de $V = 0$.

Si l'on n'avait que deux valeurs y'_x, y''_x connues, la fonction P''_x se déterminerait de la manière suivante.

On a évidemment la rélation $P''_x + P'_{x+1} + P_{x+2} = - Q$ qui représente le coefficient du second terme de l'équation à intégrer.

Or
$$P'_{x-1} = P_x Q'_x, \quad \text{donc } P'_{x+1} = P_{x+2} Q'_{x+2}$$
$$P''_x = - \{Q + P_{x+2} (1 + Q'_{x+2})\}$$

et d'après ce qui a été trouvé ci-dessus, on aura

$$Q'_{x+1} = \frac{\Delta z_{x+1}}{\Delta z_x}, \qquad P_{x+2} = \frac{y'_{x+2}}{y'_{x+1}},$$

par conséquent $\quad P'_x = -\left\{ Q + \dfrac{y'_{x+1}}{y'_{x+2}}\left(\dfrac{\Delta z_{x+2} + \Delta z_{x+1}}{\Delta z_{x+1}}\right)\right\}$

$$Q'_x = \frac{P''_{x-1}}{P'_x} = \frac{P'_{x-1}}{P_{x+1}\,Q'_{x+1}}. \qquad [Q'^x_x] = \frac{[P''_{x-1}]}{y'_{x+1}\,\Delta z_{x+1}}$$

valeurs qu'on substituera ensuite dans la formule (27).

Celle ci étant susceptible d'une décomposition intégrale analogue à celle opérée dans le second ordre (n.° 35), il est facile de s'assurer que la valeur de y_x sera égale à la somme des trois valeurs particulières y'_x, y'_x, y''_x, multipliées chacune par une fonction de x; propriété qu'on a également remarquée dans les équations différentielles, et qui s'étend encore aux équations des ordres supérieurs.

Dans le cas particulier de $P_x = P'_x = P'_x$, la proposée prendra la forme plus simple

$$\overset{P}{(E)^3} y_x = V;$$

d'où

$$y_x = \overset{P}{(E')^3}\,V = [P^x_{x-1}]\,\Sigma^3\,\frac{V}{[P^{x+3}_{x+3}]},$$

en vertu de la formule (16); valeur à compléter encore par la fonction $[P^x_{x-1}]$

$(C + C_1 x + C_2 x^2)$ qui vérifie l'équation $\overset{P}{(E)}.y_x = 0$. On trouvera aisément à l'aide des équations (22) et (26) que les coefficiens Q, R, S devront alors satisfaire aux rélations

$$Q = \nu' S + \nu' S_1 + \nu' S_2. \qquad R = \nu' S^1 + \nu' S^1_1 + \nu' S\,S_1;$$

P^x étant égal à $-\nu' S$.

38. Il existe dans chaque ordre de différences, deux classes d'équations susceptibles d'intégration et que nous allons indiquer ici.

Soit $y_x = P z_x$, P étant une fonction quelconque de x. Cette équation fournit les suivantes

$$y_{x+1} = P_1 z_{x+1}. \quad y_{x+2} = P_2 z_{x+2} \ldots y_{x+n} = P_n z_{x+n}.$$

Supposons maintenant qu'on ait tiré de l'équation générale

$$z_{x+n} + A z_{x+n-1} + B z_{x+n-2} \ldots + M z_x = 0, \tag{28}$$

l'intégrale
$$z_x = \mathrm{C}_1 a_1^x + \mathrm{C}_2 a_2^x \ldots + \mathrm{C}_n a_n^x.$$

Si l'on remplace z_x par sa valeur $\frac{y_x}{\mathrm{P}}$, l'équation (27) prendra la forme suivante

$$y_{x+n} + \mathrm{A}\,\frac{\mathrm{P}_n}{\mathrm{P}_{n-1}}\,y_{x+n-1} + \mathrm{B}\,\frac{\mathrm{P}_n}{\mathrm{P}_{n-2}}\,y_{x+n-2} \ldots + \mathrm{M}\,\frac{\mathrm{P}_n}{\mathrm{P}}\,y_x = 0, \quad (28)$$

et aura pour intégrale complète

$$y_x = \mathrm{P}\{\mathrm{C}_1 a_1^x + \mathrm{C}_2 a_2^x \ldots + \mathrm{C}_n a_n^x\}.$$

Faisons $\mathrm{P} = [\mathrm{X}_x^x]$, il en résultera

$$\mathrm{P}_n = [\mathrm{X}_{x+n}^{x+n}] = \mathrm{P}\,[\mathrm{X}_{x+n}^{n}]$$

$$\frac{\mathrm{P}_n}{\mathrm{P}_{n-m}} = \frac{[\mathrm{X}_{x+n}^{n}]}{[\mathrm{X}_{x+n-m}^{n-m}]} = [\mathrm{X}_{x+n}^{m}].$$

Ces valeurs changeront l'équation (28), en y écrivant x au lieu de $x+n$, en

$$y_x + \mathrm{A}\,\mathrm{X}_x y_{x-1} + \mathrm{B}\,[\mathrm{X}_x^2] y_{x-2} \; \mathrm{C}\,[\mathrm{X}_x^3] y_{x-3} \ldots + \mathrm{M}\,[\mathrm{X}_x^n] y_{x-n} = 0$$

dont l'intégrale sera par conséquent

$$y_x = [\mathrm{X}_x^x]\,(\mathrm{C}_1 a_1^x + \mathrm{C}_2 a_2^x \ldots + \mathrm{C}_n a_n^x).$$

Soit encore $\mathrm{P} = \dfrac{1}{1.\,2.\,3.\,x-1}$, on déduira de $y_x = \dfrac{1}{1.\,2.\,x-1}\,z_x$

$$y_{x+n} = \frac{1}{1.2\ldots x+n-1}\,z_{x+n} = \frac{y_x}{[x+n-1]^n}\,\frac{z_{x+n}}{z_x};$$

d'où l'on voit que l'équation

$$[x+n-1]^n y_{x+n} + \mathrm{A}[x+n-2]^{n-1} y_{x+n-1} \ldots + \mathrm{M}x y_{x+1} + \mathrm{N}y_x = 0. \quad (29)$$

se ramènera à

$$z_{n+x} + \mathrm{A}z_{x+n-1} \ldots + \mathrm{M}z_{x+1} + \mathrm{N}z_x = 0$$